威力導演
數位影音創作超人氣

flower

You
And I

序
PREFACE

教授多媒體領域二十多年來，也陸續寫過數十本書籍，但唯一只有威力導演，讓我累積寫了這麼多本，此版威力導演 18，正巧是我在碁峰資訊出版的第十本威力導演書籍，非常具有紀念意義。

2019 年對我來說是很深刻的一年，也讓我體會到我的工作是很有意義，因家人離世，想要為她製作回憶錄影片，親自從收集素材到後製，一手包辦，在剪輯過程中，幾乎是邊後製邊流淚的完成這部作品，可以體會到想要為對方留下最美好回憶的心情，以及透過剪輯時自我療癒的過程，因為我對威力導演非常熟稔，所以使用時沒有任何障礙，也能夠完整發揮，但是對於一般使用者來說，當軟體不熟悉的情況下，又想要盡力達到好的作品，那種無助的感受，我真的很能體會，也才告訴自己，要更用心教學，能夠學會影片剪輯為生命留下精彩片段，真的是很美好的。

很感謝君邑資訊（燕秋老師教學團隊）的伙伴們（錦宏、KIWI、士傑、Jerry、婕葳）隨時做為我的後盾，在我暴衝時能拉住我，在我向前奮進時能一起衝刺，當然還有我那貼心又細心的秘書，讓我無後顧之憂，只管專注在教學上，另外就是我的先生及二個寶貝，能體諒神力女超人的我，讓我做自己，為自己的夢想打拚。

最重要的是各位粉絲們，一路陪伴著我，讓我成長茁壯，也會給予很正向的回饋，讓我不後悔的執著在教學上，謝謝你們。

李燕秋

燕秋老師教學頻道

(FB/YT)

目錄
CONTENTS

Part I 基礎入門篇

1 威力導演初體驗

想要進入威力導演的後製世界，就要先將此章節熟讀，了解基本概念及介面後，才能更加得心應手操作威力導演。

2 假期旅遊花絮

除了逐一後製、剪輯編修之外，也可以善用快速編輯工具，將大量的素材套用模版後成為具有創意的影片，本章中介紹三個快速編輯工具，是快速製作影片不可錯過的好幫手。

3 運動攝影大進擊

剪輯影片是所有專案一開始最重要的部分,而威力導演中支援了哪些剪輯方法及技巧,在本章節中一一為您解密。

Part II 主題應用篇

校園導覽 GOGOGO

大量照片除了單張播放之外，也可以利用縮時攝影的手法，製作成不同效果的影片，另外在導覽式影片中，除了引導瀏覽之外，也可以再加上景點介紹解說，不論是視訊或圖片都可以為成品加分。

5 新聞事件懶人包

想要知道懶人包（新聞事件）到底是怎麼做出來的嗎？除了畫面之外，口白也是很重要的，要如何快速後製成新聞議題型的影片，千萬不可錯過本章。

6 微電影微什麼 - 鏡頭語言

微電影是近來行銷最常使用的手法，而在拍攝微電影時若有些鏡頭沒有辦法拍的順手，在後製時是否可以再處理呢？本章說明如何利用後製技巧達到鏡頭語言的效果，想要製作微電影，看這章就對了！

7 微電影微什麼 - 混合色調

除了鏡頭語言之外，微電影另一個最重要的就是視訊顏色，要怎麼樣才能調出如同電影般的色調或是韓劇中的顆粒光芒效果，在本章中燕秋老師將會一步一步教您，讓您成為最佳主角。

8 主題式範例應用

IG 為目前媒體行銷中年輕人愛用的平台，而威力導演也支援製作 IG 尺寸的影片，本章節就教授如何快速製作 1:1 尺寸的影片。

9 活動集錦開場動畫

本章節要介紹照片拼貼效果的開場動畫，為威力導演功能的綜合應用範例，很適合作為視訊開場的效果（活動或是旅遊類）。

chapter

1

威力導演初體驗

要編輯一個精彩且豐富的視訊，素材的取得及軟體操作的熟悉度非常重要，而威力導演在時間軸的彈性調整上非常特別，所以建議在開始使用威力導演前，先了解威力導演介面操作的概念及技巧，還有如何從各種不同的影音裝置中擷取素材到電腦中，本章所介紹的內容將可以協助您更快速的進入威力導演多樣的編輯世界中。

1-1 │ 視訊原理

『視訊』基本上是由聲音（Audio）與影像（Image）兩個要素所構成，大家平時所欣賞的電影、電視節目或是網路上 YouTube 所播放出來的內容都是視訊，它在生活中似乎無所不在。而媒體視訊基本的原理就是利用人類眼睛視覺暫留的特性，為求得「連續」的效果，因此影像播放速度需要很快，造成視覺認為這一連串的靜態影像畫面在連續不斷「動」的錯覺。

1-2 │ 畫面更新率

畫面更新率或畫格率是用於測量顯示張數的量度。測量單位為「每秒顯示張數」（Frame per Second，FPS，畫面更新率）或「赫茲」（Hz），一般來說 FPS 用於描述視訊、電子繪圖或遊戲每秒播放多少張，而赫茲則描述顯示器的畫面每秒更新多少次，指的是每秒螢幕畫面的更新速率；簡單來說就是每秒你的畫面更新了幾次。

而人類眼睛構造有所謂的視覺暫留的特性，如果所看畫面之更新率每秒高於 16 個畫面的時候（最好高於 24 才算流暢），就會認為整個影像是連貫的。也就是說當畫面更新率越低，人類眼睛就會感覺螢幕閃爍（延遲）的情形就越嚴重。使用者長時間注視這樣的畫面，會導致眼睛疲勞甚至於頭痛的現象。

PAL（歐洲、亞洲、澳洲等地的電視廣播格式）與 SECAM（法國、俄國，部分非洲等地的電視廣播格式）規定其更新率為 25 fps，而 NTSC（美國、加拿大、日本等地的電視廣播格式）則規定其更新率為 29.97 fps（或 30 fps）。

以目前的拍攝設備來說，所能拍攝的 FPS 已慢慢支援到 60FPS、120FPS 或更高的 FPS，代表著高畫格數的時代來臨，在選購攝影設備時就要把能拍攝的畫格數列入考慮的項目之一，越高的畫格數代表著能拍攝更細膩的動作。

1-3 影音專案製作流程

影音專案製作只要運用以下四個步驟就可以快速製作出視訊：

以下簡要說明四個影音專案製作流程：

- 主題發想及腳本撰寫：運用無限的想像力及創意，構思出視訊主題及內容，並且撰寫劇本以及腳本。

- 素材收集及拍攝：先將腳本內容擬定好（擬定腳本內容）後，再搭配分鏡表，運用拍攝器材進行視訊的拍攝。無法拍攝的素材則是至網路上收集合法授權的媒材，再將數位裝置中的視訊、圖片傳輸到電腦中的儲存設備以利後製。

- 後製剪輯及特效應用：透過威力導演剪輯視訊、加上豐富的特效及背景音訊，完成視訊。

- 輸出及分享作品：將製作完成的視訊輸出成檔案、上傳至社群網站或影音平台及燒錄成光碟片。

  ◆ 輸出成檔案：輸出成各類主流的視訊格式及聲音檔。

  ◆ 分享至社群網站：將視訊分享至 YouTube、Facebook、IG。

  ◆ 燒錄成光碟片：將視訊燒錄在 DVD 或藍光光碟片中。

  ◆ 輸出至手機或平板裝置：亦可將視訊輸出至手機或平板裝置上隨時分享、觀賞視訊。

開啟威力導演後出現的第一個歡迎頁面，可以選擇所要製作的視訊尺寸以及編輯模式。

所要製作的視訊尺寸

編輯功能（常用的為完整模式），本書皆以「完整模式」來示範編輯技巧。

視訊尺寸（畫面顯示比例）分成五種：

■ 16:9 為寬螢幕，目前最常使用的主流比例。

■ 4:3 為舊式之比例，慢慢比較少在使用。

■ 9:16 直式視訊，必須先將視訊上傳至 FB 或 YouTube，觀影者必須使用行動載具（手機或平板）中的 FB 或 YouTube APP 觀看視訊，才會顯示直式滿版視訊，若在電腦中觀看則仍是 16:9，左及右仍留黑。

■ 1:1 Instagram(IG) 使用之視訊尺寸。

■ 360 為 360 度攝影機所拍攝之 360 的視訊，可用於製作 VR 虛擬實境應用。

點選〔完整模式〕後，進入威力導演中，在威力導演介面中，分成四個模式：擷取、編輯、輸出檔案及製作光碟

▶ 擷取

　　將硬體設備中的視訊擷取至威力導演中。然而目前都使用硬碟裝置，所以用到的機會較少。

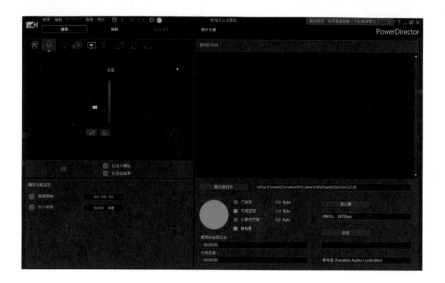

▶ 編輯

　　完整的後製剪輯功能區。

▶ 輸出檔案

將製作完成的專案輸出成視訊，並且分享至各類支援之平台中。

▶ 製作光碟

將視訊燒錄成光碟片，並且製作光碟選單。

1-4 | 編輯模式操作環境說明

▶ 編輯模式介面說明

- Ⓐ 主要功能按鈕
- Ⓑ 功能表列
- Ⓒ 影音編輯流程模式
- Ⓓ 媒體素材／特效樣式區
- Ⓔ 預覽視窗
- Ⓕ 時間軸／腳本區
- Ⓖ 進階工具列

▶ 主要功能說明

左側欄可切換不同的常用功能以及素材範本。

知識庫

將視訊素材拖曳到時間軸後,再點選此素材,介面中間會帶出針對此視訊的編輯工具列;相反地若點選的是圖片素材,也會出現圖片的編輯工具列。

點選圖片出現圖片的編輯工具列。

⚠️ 注意事項

因為畫面解析度的問題,有些按鈕會隱藏在右側,要再按下右側按鈕才能看到其他的功能按鈕。

點選視訊出現視訊的編輯工具列，其餘物件或特效依此類推，都可以顯示對應的進階工具列。

1-5 如何匯入素材

素材準備好在電腦中後，要怎麼匯入到威力導演中進行編輯呢？匯入素材的方式有二種：以〔檔案〕或〔資料夾〕的方式匯入素材。

▶ 以檔案的方式匯入素材

可以個別匯入素材，一次選取單個檔案或是多個檔案都可以。

STEP 01 按下 📲，選擇〔匯入媒體檔案〕。

STEP 02 選擇要匯入的素材檔案,再按下〔開啟〕。

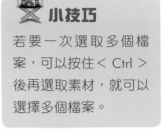

小技巧

若要一次選取多個檔案,可以按住< Ctrl >後再選取素材,就可以選擇多個檔案。

STEP 03 素材匯入完成。

知識庫

亦可在媒體工房的空白位置上,按右鍵點選〔匯入媒體檔案 / 匯入媒體資料夾〕。

▶ 以資料夾方式匯入素材

　　若事先將所有的素材存放在一個資料夾中，就可以將此資料夾一次匯入，不用再個別選擇檔案。

STEP 01 按下  的〔匯入媒體資料夾〕。

STEP 02 選擇要匯入的資料夾後，再按下〔選擇資料夾〕。

補充說明

選擇資料夾的方式在中間視窗中並不會看到任何的檔案。

STEP 03 匯入完成。

知識庫

匯入的素材若要移除，可以點選素材縮圖後按右鍵選擇〔從媒體庫移除〕，就會把素材從媒體庫移除，但不是刪除，只是不顯示在媒體庫中；若要真的刪除素材，則要選擇〔從磁碟中刪除〕，就會真正刪除此素材。

1-6 | 利用檔案總管管理素材

編輯任何專案的過程中，都會需要大量的素材（圖片、視訊或音訊），所以要如何管理這些素材成為行前必要的工作，在威力導演中可以使用檔案總管的功能來管理素材，操作方法及邏輯與 Windows 中的檔案總管是相同的！

▶ 開啟檔案總管檢視

在媒體庫中按下 ⟩ ，開啟檔案總管檢視，若再按一次，則是關閉檔案總管檢視。

預設的檔案總管中會有六個部分：

■ 媒體內容：不分類顯示所有素材。

■ 色板：內建的純色背景。

■ 背景圖片：內建的圖片背景。

■ 背景音樂：可用於視訊中的背景音樂素材。

■ 音效片段：可用於視訊中的音效素材。

■ 我的專案：曾建立的專案檔會在此顯示列表。

■ 快速專案範本：可以提供預先配置好的視訊片段，可以更快速方便地完成視訊製作。

■ 標籤：自行分類的標籤。

▶ 加入新標籤來分類素材

STEP 01 按下 新增標籤。

STEP 02 標籤名稱為〔長灘島〕。

STEP 03 選取素材後，拖曳到〔長灘島〕標籤中。

STEP 04 素材的標籤分類為〔長灘島〕。

補充說明

雖然素材可以分類，但是只是一個標籤的概念，並不是真的將圖片移動到長灘島資料夾中，所以若點選〔媒體內容〕，則不管標籤，所有的素材仍會顯示，而點了指定的標籤後，就只會顯示此標籤的素材。

▶ 直接匯入素材至標籤中

STEP 01 新增〔日常生活〕標籤，再點選此標籤。

STEP 02 按下 的〔匯入媒體資料夾〕。

STEP 03 選取要匯入的資料夾。

STEP 04 所匯入的素材會直接在新的標籤分類中顯示。

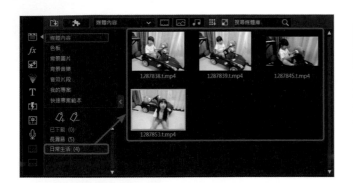

補充說明

點選標籤後匯入素材，可以將素材直接指定標籤，不需要再搬移。

知識庫

不需要的標籤只要點選後按右鍵選擇〔刪除標籤〕就可以刪除標籤，而原本在被刪除標籤中的素材，就不會有類別指定，在所有內容中仍然可以顯示並使用。

1-7 │ 支援 100 軌之時間軸調整

　　威力導演中的時間軸軌道分成二種：視訊軌及音訊軌，二個軌道合稱為剪輯軌，而且目前剪輯軌支援到 100 軌，不論是視訊軌或是音訊軌都各自有 100 軌。

▶ 剪輯軌管理員

　　利用剪輯軌管理員來開啟剪輯軌

STEP 01 按下 開啟剪輯軌管理員。

STEP 02 新增〔3〕視訊軌及〔1〕音訊軌,再按下〔確定〕。

> **知識庫**
>
> 威力導演目前共支援視訊及音訊各 100 軌以及 5 軌特效軌道。

STEP 03 視訊軌增加 3 軌,音訊軌增加 1 軌。

> **知識庫**
>
> 威力導演有一個貼心小功能,在製作專案時若使用到最後一軌剪輯軌時,會自動新增下一個剪輯軌,就不用事先新增剪輯軌了。

▶ **補充說明「PDR18 新功能」**

威力導演 18 增加了全新功能,可以自由設定軌道重疊時的順序。

以往的顯示方式都是時間軸軌道序號為遞增排列,觀念是軌道中越上方順序為底層物件。

　　若要改變軌道順序為最下方的軌道為底層，則可到設定按鈕中的〔編輯〕反轉時間軸剪輯軌順序（軌道1位於底部），就可以改變順序由最下方軌道為底層。

　　雖然改變了軌道順序，但是原本已完成的作品順序並不會被影響哦！

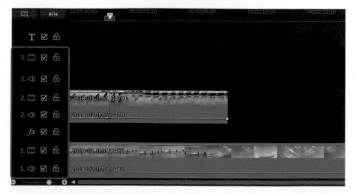

▶ 調整時間軸的高度

當開啟多個剪輯軌時，會讓時間軸無法一次呈現所有的剪輯軌，必須使用捲動軸來移動要顯示的剪輯軌。

在時間軸中按右鍵點選〔調整視訊軌高度〕，可選擇三種不同的高度。

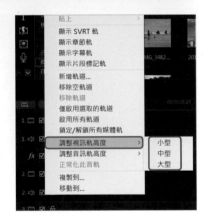

▶ 手動調整時間軸總高度

雖然時間軸高度可以設定成大型、中型及小型，但是總高度仍會影響能夠顯示的剪輯軌數量，其實還可以手動調整時間軸的高度，讓整個時間軸的區域佔版面中較大的位置。

STEP 01 滑鼠游標移到時間軸與上方區域的邊界處，當游標出現上下箭頭後按住往
上拖曳。

STEP 02 時間軸總高度會加大。

 補充說明

如果要縮小，則往下拖曳即可。

▶ 移除沒有使用到的軌道

多餘用不到的剪輯軌，可以在時間軸上按右鍵點選〔移除空軌道〕，將沒使用到的剪輯軌移除。

▶ 調整時間軸的顯示比例（寬度）

將游標移到尺規處，出現藍色時鐘圖示，按住往右移動，則為放大時間軸比例。往左移則為縮小時間軸比例。

知識庫

也可以在時間軸上方的尺規處按右鍵，點選〔檢視整部影片〕，則會將整個專案的顯示長度剛好符合時間軸的寬度，或是按下  亦可檢視整部視訊。

▶ 腳本區及時間軸的說明

時間軸分成二種模式：時間軸及腳本區。

◉ 時間軸

時間軸是以軌道的方式存在，預設為 2 條視訊及對應的音訊軌（即二組剪輯軌）、特效軌、文字軌、配音軌及配樂軌，而除了音訊之外的所有物件及特效，都可以擺入到視訊軌中。所以沒有哪個軌道一定要放哪個物件之限制（除了預設的特效軌及文字軌）。

◉ 腳本區

以素材的個數來顯示，所以可以很清楚的看到每個素材的縮圖內容及所排列的順序，在素材縮圖下方的則為個別素材的時間。

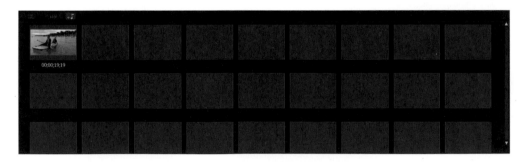

▶ 時間標示方法

在預覽視窗或時間軸中會看到四組數字，這四組數字代表時間（不論視訊、音訊或圖片的時間），表示方法為**時：分：秒：畫格**（29.97 格等於 1 秒鐘，現在都統稱 30 格為 1 秒鐘）。

若在預覽視窗中，預覽為全
片模式時，則時間代表為整個專
案的時間。

而在時間軸中，將游標移到素材上時所顯示的時間為
素材個別的時間。

 知識庫

編輯完成的剪輯軌擔心會不小心被移動到，可以使用鎖定時間軸軌道的功能，
將剪輯軌鎖定，就不用擔心會被移動了。

按下 🔒 鎖定剪輯軌，若再按一下 🔒 則解除鎖定。

也可以在軌道前方按右鍵點選〔鎖定 / 解鎖所有媒
體軌〕，一次性的將軌道全鎖及解鎖。

1-8 | 檔案的操作

編輯時也要熟悉檔案的操作，以免不小心遺失了重要的專案檔，只要有專案檔，就可以再繼續編輯視訊。

▶ 儲存專案

編輯時記得要隨時儲存專案，以免遺失編輯的檔案。

如果沒有儲存，則在操作介面的最上方會出現〔新增未命名專案〕，表示尚未儲存過之意。

STEP 01 按下〔檔案 > 儲存專案〕。

STEP 02 輸入專案名稱後，再按下〔存檔〕。

💡 **小提示**
★ 可以自行選擇要儲存的路徑（資料夾）。

STEP 03 儲存完成後，上方則會出現已儲存之檔名。

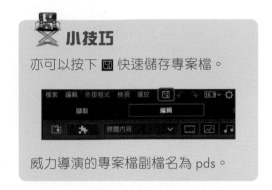

小技巧

亦可以按下 🖫 快速儲存專案檔。

威力導演的專案檔副檔名為 pds。

▶ 開啟新專案

STEP 01 點選〔檔案 > 開新專案〕。

STEP 02 若要儲存現有的編輯內容就要〔是〕，反之不儲存就按〔否〕。

▶ 開新工作區

　　想要保留已匯入的素材但要將時間軸清空時，就要使用開新工作區，保留已匯入之素材但開啟新的時間軸。

STEP 01 點選〔檔案 > 開新工作區〕。

STEP 02 媒體素材區會保留，而下方時間軸編輯區則是清空。

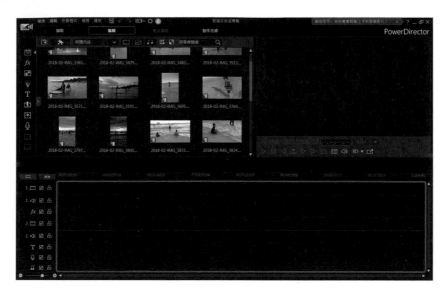

知識庫

〔開新專案〕及〔開新工作區〕的差異在於〔開新專案〕是媒體素材區及時間軸全數清空，建立一個全新的專案，而〔開新工作區〕則是只有將時間軸中的素材清空，保留媒體素材區，所以如果要製作另一個全新的專案，要使用〔開新專案〕，若是只是利用原本的素材再製作一個專案，則是使用〔開新工作區〕。

▶ 變更專案比例

威力導演支援了五種不同的專案比例，分別有 16:9、4:3、9:16、1:1 及 360。

可以在開啟威力導演時的歡迎畫面，選擇所需要的專案比例

也可以在開啟專案後，再變更所需要的專案比例。

▶ 開啟舊專案

STEP 01 點選〔檔案 > 開啟專案〕。

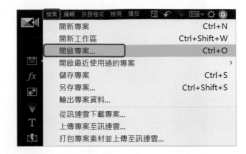

STEP 02 點選要開啟的專案檔，再按下〔開啟〕。

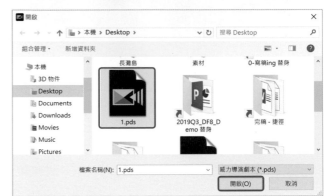

STEP 03 按下〔否〕。

 注意事項

此訊息是告知目前匯入的專案素材是否要與原本專案中的素材合併，表示原本的素材不會清除，會保留著，再與開啟的專案之素材放在一起，不過這樣子容易讓媒體素材區的素材很混亂，建議按下〔否〕。

▶ 輸出專案資料

　　雖然在編輯的過程中都有將專案儲存，但是若要更換電腦編輯或是備份專案，則要注意專案檔在儲存時，是不會儲存素材的，只會儲存素材的路徑，所以常常發生將專案檔複製到另一台電腦想要繼續編輯時，開啟後反而都會變成黑色的縮圖，沒有素材，這就是並沒有將素材一併帶走的關係，所以當要將專案備份或是移到另一台電腦繼續編輯時，則要記得使用〔輸出專案資料〕。

STEP 01 點選〔檔案 > 輸出專案資料〕。

STEP 02 點選〔桌面〕，按下〔新增資料夾〕。

> ⚠️ **注意事項**
>
> 「輸出專案資料」會複製素材到指定的資料夾中，所以一定要點選資料夾才匯出，不然檔案太多會散落在桌面上。

STEP 03 輸入資料夾名稱，點選此資料夾再按下〔選擇資料夾〕。

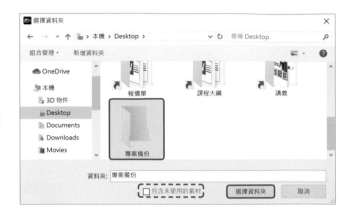

補充說明

可以勾選〔包含未使用的素材〕將沒有放在編輯區中的素材也一併備份。

補充說明

若要將專案複製或搬移到其他地方，只要將此資料夾帶走即可，在任何有安裝威力導演的電腦中，即可開啟專案檔繼續編輯。

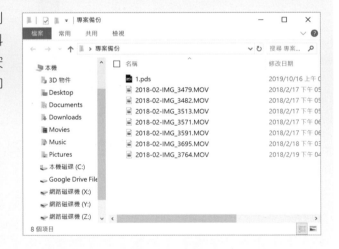

1-9 │ 巢式專案

後製視訊時都是必須要以專案的形式來製作，然而當電腦硬體規格無法提升而讓剪輯效能受限時，可以考慮將一個專案拆成不同的專案來製作，最後再合併成一個專案輸出即可，在此章節會說明威力導演的巢式專案概念，讓您在剪輯專案時不會因為電腦效能而受限以及可將專案模組化（例如片頭及片尾），讓專案能夠重複使用。

以下有二個已完成的專案：片頭及長灘島

片頭.pds

長灘島旅行.pds

💡 **小提示**

★ 製作完成的專案檔若要給別人重複使用
時，不可以只有給予專案檔，必須要使用
輸出專案資料，才能將完整素材及專案移
轉到另一台電腦中剪輯。

STEP 01 開啟〔長灘島〕專案後，在媒體工房中切換到〔我的專案〕，會看到之前完成的片頭專案檔。

STEP 02 將片頭專案拖曳到要插入至時間軸的位置。

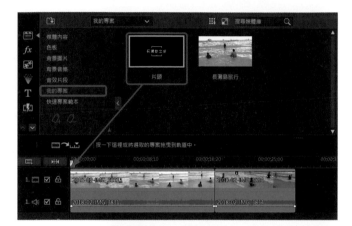

STEP 03 點選〔插入並移動所有片段〕。

STEP 04 〔片頭〕專案會以專案的形式加入至〔長灘島〕專案中，若在〔片頭〕專案中快按二下左鍵，則會在〔長灘島〕專案中開啟〔片頭〕專案繼續編輯。

 補充說明

所匯入的〔片頭〕專案與原本的專案並沒有連結關係，而是類似把此專案複製到目的地專案之意。

如果要匯入的專案不是自己製作的，則在我的專案中會看不到此專案，此時就要使用〔檔案 > 插入專案〕的方式匯入其他專案檔。

⚠️ 注意事項

但記得匯入時，時間軸中的時間線要放在需匯入的位置。

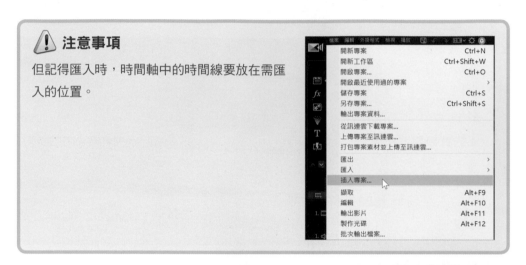

另外一種方式為若匯入其他專案時，不想為巢式專案模式（意即所匯入的專案是目的地專案的子專案之意），就要先到偏好設定中將〔編輯 > 設定預設的專案插入行為〕，改成〔作為展開專案〕。

當插入專案時，就會將整個專案以原本的編輯內容加到目的地專案中，而不是用巢狀的方式包括於專案中。

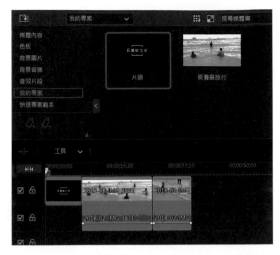

💡 **小提示**

★ 在威力導演中預設為〔巢狀專案〕。

1-10 │ 註冊 directorZone

directorZone 是訊連科技一個資源共享的平台，提供了文字範本、動態物件、靜態物件、畫框、炫粒物件及 DVD 選單範本等可供免費下載，自行創作的範本也可以上傳到此平台上分享給所有威力導演的使用者們，也因為可以自行上傳及下載，若要使用 directorZone，必須先行註冊帳號及密碼，所以在此先說明如何申請 directorZone 的帳號。

▶ 免費申請 directorZone 帳號

STEP 01 在〔免費範本〕圖示上按一下。

補充說明

只要能下載範本的工房中，自動會有〔免費範本〕圖示可供點選連結至
directorZone。

STEP 02 按下〔登入〕。

STEP 03 按下〔加入會員〕。

STEP 04 輸入註冊資料，可利用電子郵件或 Facebook 帳號註冊。

STEP 05 申請完成後，在 directorZone 網站的右上角會出現自己的姓名，即可下載特效範本。

基礎練習 CCA CCP

1. （ ）NTSC 每秒的播放速度是幾個畫面？

    A. 30fps　B. 40fps　C. 50fps　D. 60fps

2. （ ）威力導演目前最多可新增的最大視訊軌道數量為？

    A. 30 軌　B. 60 軌　C. 90 軌　D. 100 軌

3. （ ）在 directorZone 中提供哪些工房特效範本下載？(複選)

    A. 文字工房　　　　　　　　　B. 炫粒工房

    C. 覆疊工房（子母畫面）　　　D. 特效工房

4. （ ）NTSC 每秒的播放速度是幾個畫面？

    A. 29.97fps　B. 24fps　C. 25fps　D. 70fps

5. （ ）以下的按鈕何者為轉場特效工房？

    A. _fx_　B. ▼　C. 🔲　D. 🔲

6. （ ）以下的按鈕何者為特效工房？

    A. _fx_　B. ▼　C. 🔲　D. 🔲

7. （ ）以下的按鈕何者為子母畫面物件工房？

    A. _fx_　B. ▼　C. 🔲　D. 🔲

8. （ ）以下的按鈕何者為炫粒工房？

    A. _fx_　B. ▼　C. 🔲　D. 🔲

9. （ ）威力導演專案的副檔名為？

    A. PDF　B. PDS　C. PSD　D. PNG

10.（ ）以下哪一個工房的特效範本無法從 directorZone 下載？

    A. 文字工房　　　　　　　　　B. 炫粒工房

    C. 覆疊工房（子母畫面）　　　D. 特效工房

11. (　) 要在威力導演中剪輯視訊，要先把素材做什麼處理？

    A. 輸出成視訊　　　　　　　　B. 輸出專案資料

    C. 匯入媒體檔案　　　　　　　D. 開啟專案

12. (　) 台灣使用的電視播放傳輸系統是哪種格式？

    A. PAL　　B. SCCAM　　C. NTCS　　D. NTSC

13. (　) 在威力導演中如何匯入素材？（複選）

    A. 輸出專案資料　　　　　　　B. 匯入媒體檔案

    C. 匯入媒體資料夾　　　　　　D. 輸出成視訊

14. (　) 威力導演支援匯入何種格式？（複選）

    A. 視訊　　　　　　　　　　　B. 圖片

    C. 簡報（PPT）　　　　　　　D. 網頁（HTML）

    E. 音訊

15. (　) 以下何者不是威力導演中基本的工房？

    A. 特效工房　　　　　　　　　B. 覆疊工房（子母畫面）

    C. 轉場特效工房　　　　　　　D. 多機剪輯設計師

16. (　) 要完整的專案及素材備份成一個資料夾，要使用何種功能？

    A. 插入專案　　　　　　　　　B. 匯出素材

    C. 輸出專案資料　　　　　　　D. 輸出視訊

17. (　) 00:01:02:03 的時間表示法，以下何者正確？

    A. 2 秒　　B. 1 時　　C. 3 秒　　D. 2 格

18. (　) 以下何者不是威力導演可匯入編輯的檔案格式？

    A. 動畫 SWF　　B. 視訊　　C. 音訊　　D. 圖片

19. (　) 編輯專案時為了怕當機而遺失檔案，建議要經常性的執行何種功能？

    A. 開啟舊檔　　　　　　　　　B. 開啟新檔

    C. 儲存專案　　　　　　　　　D. 插入專案

20. 01:02:03:04 的時間為？（寫出完整時間表示）

21. (　) FullHD 指的是哪一個輸出的影片尺寸？

    A. 320×240　　　　　　　　B. 1920×1080

    C. 720×480　　　　　　　　 D. 1024×768

22. (　) 預覽時要按下哪個按鍵，才能讓時間線停在目前播放的時間點？

    A. 上一個畫格　　　　　　　B. 播放

    C. 停止　　　　　　　　　　D. 暫停

23. (　) 以下何者不是內建的輸出檔案的種類？

    A. 標準 2D　　　　　　　　 B. 手機

    C. 裝置　　　　　　　　　　D. 線上

24. (　) 以下哪些是威力導演時間軸軌道的類型？【本題為複選題】

    A. 剪輯軌（音訊＋視訊）　　B. 特效軌

    C. 字幕軌　　　　　　　　　D. 配音軌

    E. 文字軌　　　　　　　　　F. 配樂軌

進階練習　CCP

1. (　) 媒體視訊基本的原理就是利用人類眼睛何種特性，讓人覺得靜態影像畫面有連續不斷「動」的錯覺？

    A. 視覺暫留　B. 視覺暫停　C. 眼球追蹤　D. 視覺追蹤

2. (　) 關於影片解析度以下何者為非？

    A. 一般而言解析度愈高，輸出品質愈高

    B. 原本影本解析度差，輸出成高畫質後畫質並不會變好

    C. 解析度愈高代表所佔記憶體也愈多

    D. 解析度高低與畫質無關

3. （　）關於影片解析度以下何者為非？

    A. 一般而言解析度愈高，輸出品質愈高

    B. 原本影本解析度差，輸出成高畫質後畫質並不會變好

    C. 解析度愈高代表所佔記憶體也愈多

    D. 解析度高低與畫質無關

4. （　）威力導演中素材的時間表示方法為四組數字 00:00:00:00，最後一組 00 為？

    A. 像素　B. 分　C. 畫格　D. 畫素

5. （　）威力導演中素材的時間表示方法為四組數字 00:00:00:00（時：分：秒：畫格），而預設

    A. 29.97　B. 28.97　C. 32.97　D. 29 格為一秒鐘

6. （　）什麼是「腳本」，下列「敘述」何者為非？

    A. 類似文學作品可供給一般讀者來閱讀

    B. 只適合用在演出時

    C. 它描述的是演員的走位、對戲、台詞

    D. 腳本就是劇本

7. （　）「Full HD」的定義是指能支援或相容於高畫質訊號的顯示輸出設備，其實際顯示解析度規格為何？

    A. 4096×2160　　　　　　　　B. 1024×768

    C. 800×600　　　　　　　　　D. 1920×1080

8. （　）威力導演可以匯入的素材有哪些？

    【本題為複選題，請選 4 個答案】

    A. DOC 檔 (文件)　　　　　　B. 影片

    C. 照片　　　　　　　　　　　D. 音訊

    E. PPT,PPTX 檔 (簡報)　　　　F. 網頁

假期旅遊花絮

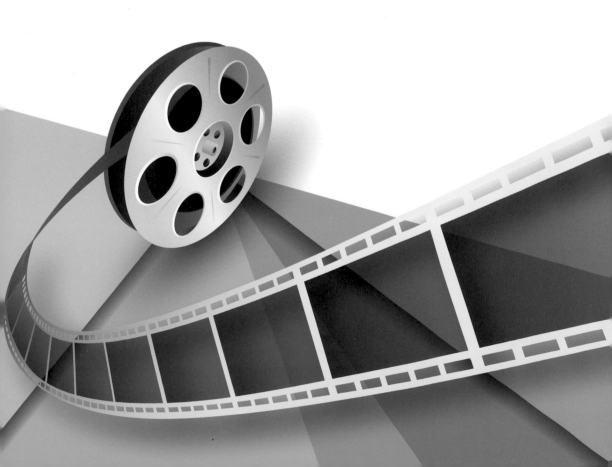

平時最常拍攝的素材大多是以圖片為主，尤其是旅遊花絮類的主題，然而此類主題較無明確的故事情節，在製作成視訊時，建議使用模板的方式快速套用，而在威力導演中提供了數種快速編輯視訊的方式：幻燈片秀編輯器、創意主題設計師、快速專案範本及視訊拼貼設計師，都很適合花絮類的主題使用。

2-1 | 幻燈片秀

幻燈片秀編輯器主要是以圖片為主，無法使用視訊素材，透過四個步驟就可以將大量的圖片搭配相簿主題以及背景音樂快速完成視訊。

2-1-1 下載免費且合法的背景音樂

播放幻燈片秀時除了呈現圖片變化特效之外，還會搭配背景音樂，在此示範如何下載免費且合法的背景音樂，YouTube 提供了音樂庫，若您製作完成的視訊最後會上傳到 YouTube，就可以使用這個頻道所提供的背景音樂，應用在您的作品中。

STEP 01 先開啟瀏覽器（暫時先離開威力導演）。

STEP 02 連上 YouTube，並且搜尋〔Audio Library〕。

STEP 03 尋找喜歡的音樂（頻道中的音訊都可以先試聽）。

STEP 04 進入欲下載的音樂頁面後，按下〔顯示完整資訊〕。

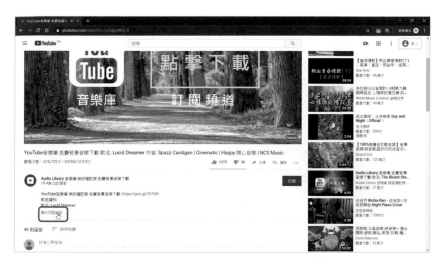

STEP 05 檢查是否有需要姓名標示（若有，則在視訊結尾要顯示歌曲作者），再按下下載的網址，即可下載音訊檔。

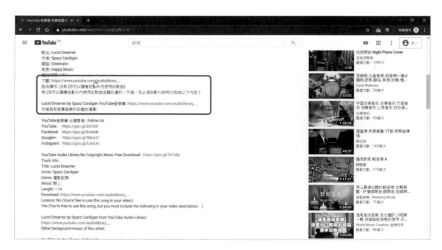

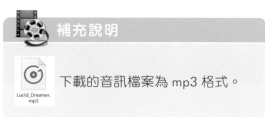

補充說明

下載的音訊檔案為 mp3 格式。

補充說明

YouTub 音樂庫 無版權配樂頻道其實就是在 YouTube 中所提供的音效庫，只是以不同的介面來呈現音訊。

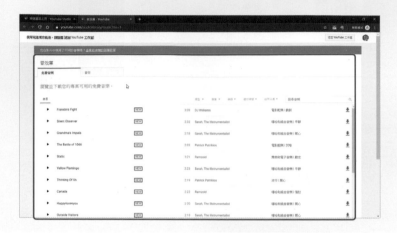

2-1-2 建立幻燈片秀

幻燈片秀中內建數十種的幻燈片秀樣式可供選擇，若圖片張數多，建議選擇花樣較繁複的，使用到的張數也會比較多，像是〔電視牆〕或是〔拼貼〕，而〔動態〕則是最常被使用的樣式。

STEP 01 開啟威力導演後，按下〔幻燈片秀編輯器〕。

STEP 02 按下 。

STEP 03 選擇〔匯入圖片檔案〕。

補充說明

若圖片已集中在資料夾中，則選擇〔匯入圖片資料夾〕是比較好的方式；而〔匯入圖片檔案〕則是可自由選取單張圖片匯入。

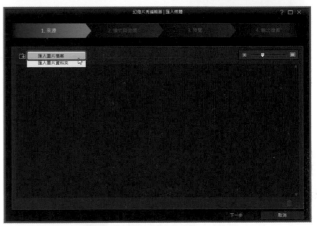

STEP 04 選擇要匯入的圖片後按下〔開啟〕。

STEP 11 選擇〔圖片配合音樂〕按下〔確定〕。

 補充說明

圖片配合音樂為音樂播放完畢後視訊就停止，
也是較常使用的選項。

2-1-3 修改幻燈片秀內容

不同的幻燈片秀樣式，所能修改的內容都不太一樣，所以要視所選擇的樣
式來決定能修改的內容，本範例使用的為〔動態〕樣式，就可以變更圖片顯示
時的移動路徑。

STEP 01 按〔下一步〕，預覽幻燈
片的效果。

STEP 02 按下〔自訂〕。

 小技巧

並不是所有幻燈片秀的樣式
都能修改，只要在此步驟中
出現〔自訂〕表示此樣式可
修改。

STEP 03 點選開始的關鍵畫格。

STEP 04 調整顯示區域的尺寸。

補充說明

將游標移至顯示區域白色
控點上，就可以調整顯示
區域。

STEP 05 調整顯示區域的位置。

STEP 06 點選結果的關鍵畫格，再
調整移動路徑結束時的位
置。

概念說明

開始及結束二點關鍵畫格
的位置及尺寸不同，就會
營造出移動路徑。其餘的
圖片也可以照著相同的方
式調整移動路徑。

STEP 07 按下〔下一步〕。

2-1-4 輸出成 WMV 視訊

幻燈片秀編輯器製作完成後可以轉至威力導演專案中編輯或是直接輸出成視訊，在此練習輸出成視訊。

STEP 01 選擇〔輸出視訊〕。

STEP 02 檔案格式為〔WindowsMedia〕。

STEP 03 設定檔類型為〔Windows Media Video 9 FullHD 1920X1080/30p(10Mbps)〕。

概念說明

目前的主流視訊解析度為 FullHD（1920X1080），所以建議輸出時以此解析度為主。

STEP 04 按下 ■■＜按一下以選取不同的輸出資料夾＞更換至桌面為輸出資料夾。

STEP 05 選擇〔桌面〕後，輸入視訊檔案名稱，按下〔存檔〕。

STEP 06 按下〔開始〕。

2-2 創意主題設計師

創意主題設計師可以選擇合適的主題套用素材後，變成具有豐富內容的視訊，首先瞭解創意主題設計師的使用上的基礎概念。

2-2-1 學習重點

創意主題設計師分成**主題範本**及**主題卡**的概念，一個主題範本中包含多個主題卡，而主題卡又分成片頭、中間及片尾，也就是說一個主題範本中預設有一個片頭範本，多個不等的中間範本及一個片尾範本，而在選擇上，可自行混搭使用，不同的主題卡都可以隨時匯入組合，不一定要區分片頭、中間或片尾。

在呈現上可以選擇分類依據為**主題範本**及**主題**，若是主題範本，則可以主題範本的方式來選擇相同風格的主題卡，或是利用主題卡的方式，選擇所要的片頭、中間或片尾（也就是不論哪個主題範本，可任意搭配出不同的視訊內容）。

主題範本

主題卡

傳統的樣版功能大多無法拆解，只能選擇了某一個樣式後，範本的內容都無法再調整，所製作完成的視訊較為制式，而創意主題設計師的主題卡可以任意選擇，所以所製作出來的視訊較為活潑且有變化。

▶ 進入方式

創意主題設計師進入的方式可為在媒體工房中按下  <外掛模組＞，即可選擇〔創意主題設計師〕。

2-2-2 利用創意主題設計師製作視訊

接下來就開始來使用創意主題設計師製作旅遊視訊。

STEP 01 在媒體工房中按下  <外掛模組＞，即可選擇〔創意主題設計師〕。

STEP 02 勾選喜歡的主題範本後按下〔確定〕。

 補充說明

可以多個主題範本混搭。

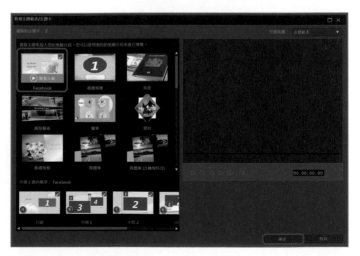

 補充說明

主題範本展開後，
會有多個主題卡，
在主題卡上點一下
即可勾選，再按一
下則取消勾選。

 補充說明

若要新增主題卡，
則按下 ▦ ＜新增
更多主題卡＞。主
題卡的順序也可直
接拖曳移動。

在要移除的主題卡
上按右鍵點選〔移
除選取的範本〕，
就可以刪除主題卡。

STEP 03 將預設素材全數選取後，在任一縮圖上按右鍵點選〔從媒體庫移除〕。

⚠️ **注意事項**

若沒有先將預設的素材移除，所有的素材都會混在一起，在此必須先將不需要的素材移除。

STEP 04 按下〔匯入媒體〕。

STEP 05 選取圖片後按下〔開啟〕。

STEP 06 若還有其餘要匯入的圖片或視訊，也可再繼續匯入。

2-2-3 安排素材至主題卡中

接下來將素材安排至主題卡的素材區中

STEP 01 點選要放入素材的主題卡。

將素材拖曳至縮
圖框中。

知識庫

可以依照主題卡中建議的素材類型擺放素材。

預設的指定素材類型是為建議項目，像是 ▨ 3 雖然建議放入圖片，其實也能放入視訊，只是視訊為靜態並不會播放，會以圖片的形式顯示。

右側是安排素材後，在素材縮圖上所顯示的圖示都有不同的功能可使用。

 ⏱ 設定圖片素材的停留時間，可自行輸入秒數。

 🔊 可設定視訊聲音是否為靜音。
✂ 可剪輯視訊中的某個片段。

 📷 會出現此圖示表示此處建議放的為圖片素材，但是卻放了視訊素材，所以可以透過此按鈕選擇想要顯示的視訊畫面（靜態）。

 ⛶ 可讓此段素材在顯示時放大，以全螢幕的方式顯示素材。
🔊 可設定視訊聲音是否為靜音。
✂ 可剪輯視訊中的某個片段。

STEP 03 其餘的素材也依
相同的方式放入。

STEP 04 修改文字內容。

補充說明

有的主題卡可輸入文字，有主題卡沒有文字顯示，有的限定只有一個文字或二
個文字，不同主題卡的設定是不同的，大多有文字的主題卡為片頭或片尾。

STEP 05 點選 ➕＜更換轉場特效＞。

STEP 06 選擇轉場樣式，
再按下〔確定〕。

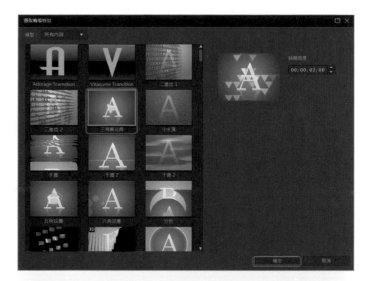

STEP 07 套用轉場特效完
成。

 知識庫

預覽創意主題設計師的影片有二種方式：

▷ 預覽目前主題卡：只預覽目前的主題卡視訊。

▶ 預覽整部視訊：從第一個主題卡開始預覽到最後結尾。

　**補充說明**

不想要個別安排素材，可以使用〔依媒體庫順序自動填滿〕或〔先使用視訊自
動填滿〕的方式快速安排素材。

STEP **08** 所有內容設定完畢後再按下〔確定〕。

2-2-4 輸出成 MP4 視訊

輸出時有很多格式可以選擇,在此示範如何輸出 MP4 的視訊格式。

STEP 01 回到威力導演的編輯區中,再按下〔輸出檔案〕。

補充說明

若要回到創意主題設計師中,則在完成的視訊上按右鍵點選〔在創意主題設計師中編輯…〕即可再繼續編輯。

STEP 02 檔案格式為〔H.264 AVC〕,再選擇〔MP4〕,設定檔類型為〔MPEG-4 1920X1080/30p(16Mbps)〕。

STEP 03 按下 ▓▓▓ ＜按一下以選取不同的資料夾＞。

STEP 04 選擇〔桌面〕，檔案名稱為〔水族館〕，再按下〔存檔〕。

STEP 05 按下〔開始〕，進行輸出視訊中。

STEP 06 視訊輸出中。

輸出完成後也別忘
了要儲存專案，以
便後續可以修改。

2-3 | 快速專案範本

快速專案範本顛覆了以往範本的概念，幻燈片秀的內容能修改的彈性是很低的，甚至有的範本是無法修改的；而創意主題設計師雖然可以混搭不同的主題卡，有的主題卡可以修改文字內容、轉場特效或特效，但是無法變更其餘的內容，而快速專案範本則是所有的內容都可以修改，甚至連物件的順序全都可以修改，是最彈性的範本功能，也很推薦給各位使用。

而快速專案範本的樣式都可以從 directorZone 下載，無限量的擴充範本樣式。

打開瀏覽器，在搜尋欄輸入關鍵字 [directorZone]。

directorZone 中的快速專案範本都是可以下載的。

2-3-1 建立快速專案範本

先將快速專案範本樣式拖曳到時間軸中，可混搭不同專案範本樣式。

STEP 01 開啟威力導演後，進入媒體工房，點擊 選擇〔快速專案範本〕。

STEP 02 按下〔關閉〕。

補充說明

下次若不想再顯示說明畫面，可以勾選〔不再顯示〕，下次就不會再出現了。

STEP 03 將喜歡的快速專案範本樣式拖曳到時間軸中。

STEP 04 拖到時間軸中專案範本樣式會自動解開成不同物件,每個物件都是可以再編修的。

STEP 05 再拖曳其他的專案範本樣式到後面時間軸的位置。

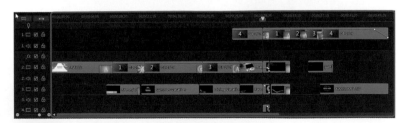

 補充說明

可依照欲製作的視訊總長度來安排時間軸中的專案範本。

2-3-2 匯入並指定素材

安排好專案範本後,再將素材匯入並且指定到預設素材的位置。

STEP 01 按下 ▶ 開啟檔案總管。

STEP 02 切換到〔媒體內容〕。

STEP 03 將預設的素材全部選取，再按右鍵點選〔從媒體庫移除〕。

STEP 04 點選〔匯入媒體資料夾〕。

STEP 05 選擇要匯入的素材資料夾，按下〔選擇資料夾〕。

STEP 06 將素材拖曳到時間軸中的數字格字中。

概念說明

時間軸中的數字表示可置換成素材，不論視訊或圖片都可以置入，若是圖片會自動以範本預設的時間為主，若是視訊，則會自動裁剪成範本預設的長度，若要調整內容都可以再編輯。

STEP 04 預覽沒有問題後，就可以再繼續修改其他的物件內容。

STEP 05 點選〔檔案 > 儲存專案〕。

STEP 06 選擇儲存的位置後，輸入檔案名稱後按下〔存檔〕。

STEP 07 按下〔輸出檔案〕。

2-3-4 將視訊上傳至 YouTube

製作完成的視訊，除了可以輸出視訊檔案之外，還可以在威力導演中直接上傳到 YouTube 中，再來將此完成的視訊上傳到 YouTube 分享。

STEP
01 切換到〔線上〕標籤頁，按下〔YouTube〕。

STEP
02 設定檔類型為〔MPEG-4 1920X 1080/30P (16M)〕、標題為〔Okinawa〕。

STEP
03 視訊類別為〔旅行與活動〕，按下〔開始〕。

 注意事項

在此上傳介面中的所有欄位都必須要填寫，不然是無法上傳的。

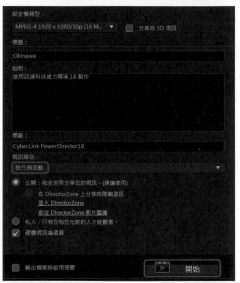

STEP
04 按下〔授權〕。

STEP 05 輸入 Google 帳號,再按〔繼續〕。

STEP 06 輸入密碼再按下〔繼續〕。

STEP 07 按下〔允許〕。

STEP 08 輸出視訊檔案並上傳至 YouTube。

STEP 09 上傳完成，按下〔查看您在 YouTube 上的視訊〕。

STEP 10 在 YouTube 中的視訊內容。

2-4 │ 視訊拼貼設計師

　　素材若是視訊，建議可以使用〔視訊拼貼設計師〕，此模組為動態拼圖式的視訊，很適合拿來作為開場使用或是花絮型的視訊，以下來介紹如何使用〔視訊拼貼設計師〕。

2-4-1 使用視訊拼貼設計師

先將專案中的預設素材刪除,再匯入視訊製作。

STEP 01 開啟專案後,在素材區的空白處按下〔清空媒體庫〕。

STEP 02 按下 ■★■ <外掛程式>中的〔視訊拼貼設計師〕。

STEP 03 按下〔匯入媒體〕匯入視訊素材。

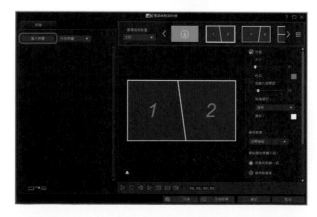

STEP 04 選擇視訊後，再按下〔開啟〕。

⚠️ **注意事項**

也支援圖片哦。

STEP 05 匯入的素材會顯示在左側視窗中。

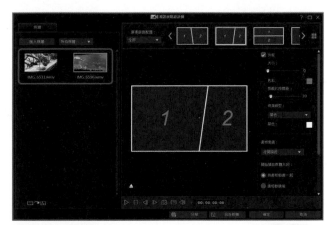

2-4-2 安排版面配置

視訊拼貼設計師提供了最多至七格的版面配置可供選擇。

STEP 01 選擇好版面配置後，再將素材拖曳至配置區中。

STEP 02 點選視訊後，可移動調整顯示區域。

STEP 03 左下角的拖曳區可拉近或拉遠顯示的視訊。

STEP 04 按下 ⊠ 可關閉此段視訊的聲音。

STEP 05 按下 ◀》 進入修剪視訊畫面。

STEP 06 透過設定開始及結
束節點調整視訊的
長度。再按下〔確
定〕。

STEP 07 右側的設定值可改
變視訊設計師的設
定值,最後再按下
〔確定〕。

2-4-3 再次進入拼貼設計師

STEP 01 完成後即可預覽視
訊。

STEP 02 點選時間軸中的視訊後，再按下
〔視訊拼貼〕，即可再回到視訊拼貼
設計中繼續修改。

 小技巧

可使用多段的視訊拼貼組合
成一段花絮視訊。

基礎練習 CCA CCP

1. ( ) 從時間軸的位置播放預覽到專案的結尾處，要使用什麼預覽模式？

A. 片段模式　B. 腳本區模式　C. 全片模式　D. 時間軸模式

2. ( ) 只要預覽素材的部分要使用什麼預覽模式？

A. 片段模式　B. 腳本區模式　C. 全片模式　D. 時間軸模式

3. ( ) 以下視訊輸出設定檔所輸出的視訊畫質哪個最好？

A. 720×480　B. 1024×768　C. 1920×1080　D. 2048×1080

4. ( ) 哪個不是威力導演輸出視訊可上傳的線上平台？

A. 土豆網　B. YouTube　C. Facebook　D. Viemo

5. ( ) 以下視訊輸出設定檔所輸出的視訊畫質哪個最差？

A. 720×480　B. 1024×768　C. 1920×1080　D. 2048×1080

6. ( ) 以下列出的格式中哪個不是視訊格式？（複選）

A. WMV　B. WMA　C. MP3　D. MP4

7. ( ) 以下列出的格式中哪個不是視訊格式？（複選）

A. DOC　B. AVI　C. MP4　D. SWF

8. ( ) 主要是以圖片為主，無法使用視訊素材，透過四個步驟就可以將大量的圖片搭配相簿主題以及背景音樂快速完成視訊的功能為？

A. 創意主題設計師　B. 幻燈片秀　C. 快速專案範本　D. 360 全景

9. ( ) 可以選擇合適的主題卡套用素材後，變成具有豐富內容的視訊？

A. 創意主題設計師　B. 幻燈片秀　C. 快速專案範本　D. 360 全景

10. ( ) 所有的內容都可以修改，甚至連物件的順序全都可以修改，是最彈性的範本功能？

A. 創意主題設計師　B. 幻燈片秀　C. 快速專案範本　D. 360 全景

進階練習 CCP

1. （ ）將快速專案範本中的「運動 - 片頭」範本拖曳到剪輯軌 1 中，查看完成之影片總長度為何？（不需任何素材，直接使用範本）

    A. 約 60 秒   B. 約 15 格

    C. 約 15 小時   D. 約 15 秒

2. （ ）利用創意主題設計師，創意主題為〔開拍〕（扣除中間 1），不需任何素材，完成後影片總時間為何？（看分鐘即可）

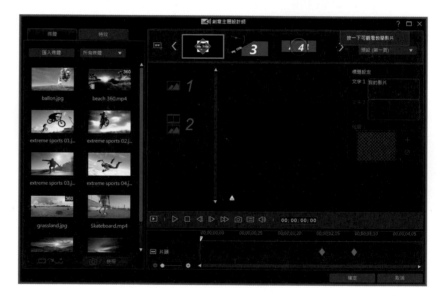

    A. 3 分鐘   B. 4 分鐘

    C. 1 分鐘   D. 2 分鐘

chapter

3

運動攝影大進擊

視訊後製的第一個步驟，建議先將拍攝好的視訊內容粗（初）剪，留下需要的視訊內容後，再加上文字或特效等的內容；而要如何剪視訊？威力導演中提供了數個剪輯的方法，再加常用的視訊技巧：重播、倒播或是凍結畫格等等的技巧，賦予視訊生命力，在本章中還會另外提到如何剪輯同時拍攝的多個視訊（一般稱為「多機拍攝」），這些剪輯的技巧都是在粗（初）剪視訊時會用到的基本概念，建議初學威力導演者，一定要先學習本章節。

3-1 │ 如何開始 "剪" 視訊

將視訊中不要的內容刪除，留下要的片段，就是 "剪" 視訊，在威力導演中剪視訊功能有三個：分割、單一修剪及多重修剪，以下針對三種不同的視訊剪輯方式加以說明。

3-1-1 學習重點

▶ ┤├ 分割

分割意指在視訊中找到要切割的位置，將視訊一切為二，也是最常使用的視訊剪輯方式，除了將視訊不要的部分切割後刪除，還常會應用在局部特效的應用，若某段視訊想要套用特效，就可以使用分割將視訊切割後套用。

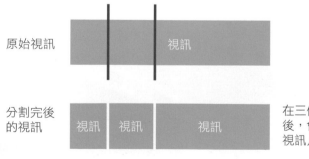

將時間線放在要分割的視訊處，再按下 ＜分割＞。

視訊就被一分為二，變成二段視訊。

被分割的視訊若想再合併，除了使用復原功能之外，只要將要合併的視訊選取，就可再合併，但是只限制原本是同一段被分割的視訊才能有合併的功能，如果是不同段的視訊則是無法合併的。

將二段分割後的視訊選取，再按右鍵點選〔合併〕。被分割的視訊會再度被合併。

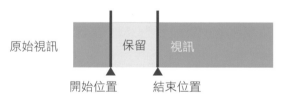

補充說明

如果分割後的視訊並不是原本連續的視訊片段,而是有刪除的視訊片段,就無法合併。

▶ ✂ 修剪

修剪功能則是可以指定視訊的開始(in 點)及結束(out 點)位置,用於較細微的修改,而修剪又分成單一修剪及多重修剪。

▶ ✂ 單一修剪

可為一段視訊設定開始(in 點)及結束(out 點)位置,被設定的區段可指定保留或是只移除此區段,一段視訊只能設定一個區段。

原始視訊　　保留　視訊

開始位置　　結束位置

單一剪輯　　　　　視訊　　設定視訊的開始及結束位
後的視訊　　　　　　　　　置,保留此區段後,就只
　　　　　　　　　　　　　留下此區段的視訊。

STEP 01 選取視訊後按下 ✂ 。

STEP 02 選擇〔單一修剪〕標籤頁,利用 ◧ 設定開始及 ◨ 結束位置或是直接拖曳黃色左右節點也可以設定位置。

STEP 03 按下〔確定〕後，只保留所設定的視訊區段。

▶ ✂ 多重修剪

可為一段視訊設定多個位置的開始（in 點）及結束（out 點）位置，被設定的區段可指定保留或是只移除此區段，一段視訊可以設定多個區段。

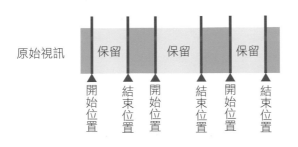

原始視訊

開始位置　結束位置　開始位置　結束位置　開始位置　結束位置

多重剪輯後的視訊

設定視訊的多段的開始及結束位置，保留此區段後，就只留下此區段的視訊。

STEP 01 在修剪功能中選擇多重修剪標籤頁，再設定多段的開始及結束位置。

STEP 02 所設定的區段就會保留下來，其餘未選取的則被刪除。

燕秋老師經驗分享

剪視訊時記得秘訣是：大刀分割、細微修剪

　　通常在剪視訊時，都是先將視訊順序安排好，利用〔分割〕將不要的片段粗略的切割，再選擇片段使用〔單一修剪〕細微的修改開始及結位置，達到更精細的位置。

3-1-2 實例演練 - 滑板練習視訊

　　在此以滑板運動練習視訊示範如何剪輯視訊。

STEP 01 開啟威力導演後點選〔完整模式〕。

STEP **02** 在媒體工房的空白處按右鍵點選〔清空媒體庫〕，將預設素材清空。

STEP **03** 點選〔匯入媒體檔案〕。

STEP **04** 選擇〔滑板 .wmv〕，按下〔開啟〕。

STEP 05 將滑板視訊拖曳到時間軸中。

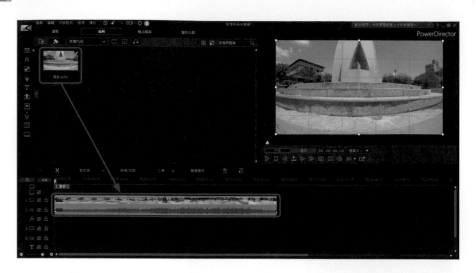

3-1-3 基本剪輯 - 分割視訊

首先利用分割將視訊中要保留的片段留下，多餘的片段刪除。

STEP 01 在預覽視窗的時間位置輸入 00:00:07:05 後，再按下 < enter >。

小技巧

在預覽視窗中輸入時間後按下 < enter > 可快速跳躍到此時間處，為指定視訊明確時間的好用小招。

STEP
02 按下 ◄╬► ＜分割＞將視訊一切為二段。

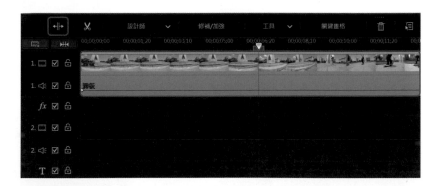

STEP
03 再跳到 00：00：21：20 處。

STEP
04 按下 ◄╬► ＜分割＞將視訊一切為二段。

STEP
05 視訊目前被分割成三個視訊片段。

STEP 06 點選第一個視訊片段後按右鍵選擇〔移除 > 移除、填滿空隙和移動所有片段〕。

補充說明

也可按下工具列中的  按鈕來刪除視訊片段。

STEP 07 視訊剪輯完成。

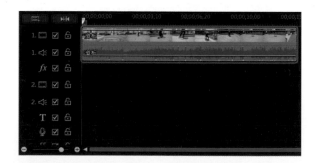

3-1-4 基本剪輯 - 修剪視訊

　　分割完成後的視訊，左右畫面可以再些微的調整，此時可以使用修剪來細微調整左右的視訊片段位置。

STEP 01 點選視訊後按下  ＜修剪＞。

STEP 02 調整開始（in 點）位置。

STEP 03 調整結束（Out 點）位置後，再按下〔確定〕。

STEP 04 視訊片段修剪完成。

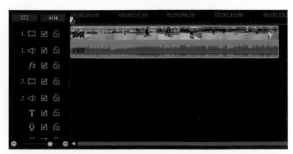

3-1-5 輸出預覽

　　當視訊都剪輯完成後，想要先行預覽剪輯完成的內容，但有時會因為視訊都是高畫質（甚至是 2K 或 4K 格式），電腦的規格又不是很好時，在預覽時就會有卡卡的感覺，此時可以利用一個技巧：輸出預覽，先將視訊算好圖（Render），雖然在執行輸出預覽時需要一些些時間，但是因為是先算好圖而不是邊播放邊算圖，所以就可以順暢的預覽視訊。

STEP 01 點選時間線的左邊黃色節點向左拖曳。

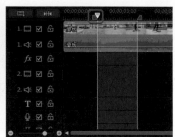

STEP 02 將黃色選取區佈滿整個專案。

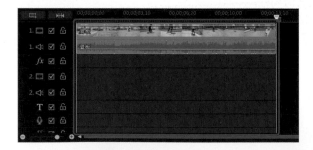

STEP 03 按下〔輸出預覽〕開始算圖（Render）。

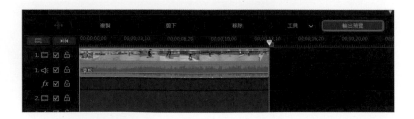

STEP 04 算圖完成後會在時間軸中顯示綠色的長條,表示此視訊處已算圖完成。

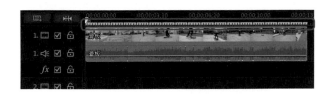

3-2 │ 視訊應用技巧 - 一般方法

視訊去蕪存菁後,只留下需要的片段後,再來就可以為視訊中加上倒播、重播或是速度調整等的效果,讓觀賞者更容易留下深刻的印象。

在威力導演中製作倒播、重播或是速度調整等效果有二種作法,一種是一般的方法,也就是將視訊片段複製多段後,再針對需要的部分套用效果,這種方式適用於所有版本的威力導演,不過製作方式比較繁雜,操作的步驟也比較多,不過卻也是最彈性的作法,而另外一個則是利用運動攝影工房快速套用倒播、重播或是速度調整等的效果,這將會於下一節來介紹。

重播三次

慢動作 倒播

凍結畫格
畫面停住 7 秒

3-2-1 精彩畫面重播

在視訊中若有很有梗或爆點的片段(綜藝節目的預告最常見),通常會讓此片段重複播放,加強視訊的效果,所以先來看看如何製作重播的視訊畫面。在此利用滑板剛跳出來的畫面來製作重播。

視訊片段區間	IN 點(開始位置)	OUT 點(結束位置)
重播片段	00:00:01:18	00:00:02:27

STEP 01 在預覽視窗的時間位置輸入 00:00:01:18 後,再按下< enter >。

STEP 02 按下 分割影片。

STEP 03 再跳到 00:00:02:27 後分割影片。

STEP 04 此片段為跳出來時的畫面(欲重播的片段)。

STEP **05** 在片段上按右鍵點選〔複製〕。

STEP **06** 再按右鍵點選〔貼上 > 貼
上、插入和移動所有片段〕。

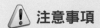 **注意事項**

時間線要放在片段的開頭或結
尾處才能貼上，不然會將時間
線所在的片段切斷並覆蓋。

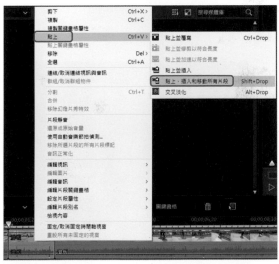

STEP **07** 再貼上一次（共有三個片
段是相同的）。預覽時就會
重複播放。

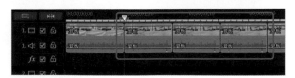

燕秋老師經驗分享

傳統的重播方式是將要重複的片段複製及貼上完成的，所以分割的位置很重
要，要一個完整的重複畫面，才能夠有好的效果。

3-2-2 視訊速度調整

重播影片時還常看到針對影片調整速度快慢，營造出速度漸變的效果，而視訊速度在威力導演中是很簡單的調整方法。

利用上節中所複製三個相同片段中的第一個片段調整速度，讓視訊內容為慢動作 0.4 倍，第二段再保持原本的速度。

STEP 01 點選要調整速度的第一個視訊片段，按下〔工具 > 威力工具 > 視訊速度〕。

STEP 02 切換到〔整個片段〕，加速器為〔0.4〕，再按下〔確定〕。

 補充說明

加速度為 1 以上的值為快動作；1 以下的值為慢動作。可先按下 ▶ 看看速度感是否為所需要的內容。

03 按下 ☒ 關閉威力工具設定。

 補充說明

在此選單中並沒有套用的按鈕，只要勾選即表示套用，取消勾選則是不使用。

04 因設為慢動作，時間軸中的影片長度會變長。

3-2-3 視訊倒播技巧

要讓視訊有倒退的效果，可以在威力工具中找到〔倒播〕功能，讓視訊可以倒轉播放。

01 選擇第二個重複的視訊片段，選擇〔工具 > 威力工具 > 視訊倒播〕。

STEP 02 勾選〔視訊倒播〕。預覽時影片會倒轉播放。

知識庫

套用了威力工具後的視訊片段,將游標移到片段縮圖處會顯示已套用的威力工具效果。

速度調整除了可以套用在整個視訊片段中,也可以在視訊片段中選擇局部區域來套用。在此範例中將最後一段視訊的 00:00:02:27 到 00:00:04:06 套用 1.5 倍快動作。

STEP 01 點選最後一個視訊片段,按下〔工具 > 威力工具 > 視訊速度〕。

STEP 02 勾選〔視訊速度〕,按下〔速度調整〕。

STEP 03 切換到〔所選範圍〕標籤。

STEP 04 將時間跳到 00:00:02:27（在預覽視窗中輸入時間後按下＜ Enter ＞），按下〔建立時間調整區段〕。

STEP 05 結束位置為 00:00:04:06。

STEP 06 加速器為
〔1.5〕，再按下
〔確定〕。

 小技巧

要跳到指定的時間位置，除了輸入時間之外，還可以按下 ◁ 及 ▷，跳到上及下一個畫格，找出更細微的畫面。

補充說明

視訊倒播、速度調整功能是可以疊加使用的，注意要先進行速度調整再加上視訊倒播。

3-2-4 暫時停止時間 - 凍結畫格

　　在電影或電視節目中常會看到影片畫面突然停住數秒後再繼續播放的效果，這樣的效果稱為「凍結畫格」。此影片中的 00:00:14:20 為在滑板上跳躍的畫面，在此要讓畫面暫停數秒，才可以在此處加上文字說明或效果等。

STEP 01 在 00:00:14:20 處按下 分割影片。

STEP 02 按入 拍攝視訊快照，讓此畫面變成圖片。

3-3 視訊應用技巧 - 運動攝影工房

以上一節同樣的內容，換個方式透過運動攝影工房加上視訊應用技巧，可以了解到在套用速度、倒播或重播等等的技巧應用，其實使用運動攝影工房會比原先的作法更加的快速且便利，而且運動攝影工房還多了逐格動畫及縮放平移的效果。

3-3-1 開啟已剪輯完成的專案檔

開啟預先已在 3-1 節中剪輯完成的專案檔，再利用運動攝影片工房加上應用技巧。

STEP 01 按下〔檔案 > 開啟專案〕。

STEP 02 選擇專案檔後，再按下〔開啟〕。

STEP 03 按下〔否〕不要與前一個專案中的素材合併。

STEP 04 點選時間軸中的影片，按下〔設計師 > 運動攝影工房〕。

STEP 05 切換到〔特效〕標籤。

3-3-2 視訊重播及倒播

　　使用運動攝影工房不需要將要重播的視訊片段事先分割，因為運動攝影工房套用的方式是選擇區域套用的，只要確認套用的視訊範圍即可。

視訊片段區間	IN 點（開始位置）	OUT 點（結束位置）
重播片段	00:00:01:22	00:00:02:29

STEP 01 時間跳到 00:00:01:22（指定時間的方式也是在預覽視窗中輸入時間），按下〔建立時間調整區段〕。

STEP 02 拖曳黃色外框的右側，將結束時間調整至 00:00:02:29 位置。

STEP 03 點開重播的箭頭，勾選〔套用重播和倒播〕，播放次數為〔2〕。

STEP 04 勾選〔加入倒播效果〕。

在 00:00:01:22 及 00:00:02:29 中間的視訊就會套用了重播及倒播的效果，製作上更加簡單又快速。

3-3-3 視訊速度

視訊速度的作法與重播及倒播類似，只要指定時間區段，就可以套用速度，且速度與重播及倒播都可以同時使用的。

視訊片段區間	IN 點（開始位置）	OUT 點（結束位置）
慢動作速度為 3 秒	00:00:05:23	00:00:07:01

STEP 01 時間為 00:00:05:23，按下〔建立時間調整區段〕。

STEP 02 OUT 點（結束）時間為 00:00:07:01。

STEP 03 點開速度的箭頭，勾選〔套用速度效果〕，時間長度 00:00:03:00。

 補充說明

速度調整除了設定加速器的參數值之外，也可以透過時間長度來設定速度，只要輸入想要顯示的時間，會自動轉換成速度參數值。

3-3-4 凍結畫格

在運動攝影工房中凍結畫格方式非常簡單，只要找出要凍結的位置就可以完成凍結畫格，而且還有可以設定縮放及平移，讓凍結的畫面有動態的效果。

此視訊中要設定凍結畫格的位置在 00:00:10:17。

STEP 01 時 間 跳 到 00:00:10:17，按下〔插入凍結畫格〕。

STEP 02 勾選〔套用縮放效果〕。

STEP 03 調整縮放後要停格的位置。

3-3-5 逐格動畫

「逐格動畫」是運動攝影工房從威力導演 15 開始的新功能，可以讓視訊有縮時攝影的效果營照出影片畫面的跳動感，而不是連續的視訊效果。

STEP 01 將時間移到 00:00:03:07，按下〔建立時間調整區段〕

STEP 02 點開逐格動畫箭頭，勾選〔套用逐格動畫〕，數值為〔6〕。

補充說明

逐格動畫數值越高，間隔感越明顯

3-3-6 縮放及平移

威力導演的運動攝影工房增加了縮放及平移的效果（若沒有運動攝影工房的版本，可利用威力工具中的視訊裁切來達到相同的效果），可設定視訊畫面的左右平移或是前後縮放效果。

STEP 01 將開頭視訊加上時間調整區段。

STEP 02 點開 [縮放與平移]，將時間線放在區段開頭處，00:00:00:1 處，調整縮放的顯示區域尺寸及位置。

STEP 03 時間線移至 00:00:00:15 處，再調整顯示區域的尺寸及位置。

STEP 04 設定完成按下〔確定〕。

補充說明

不同的時間點設定顯示區域尺寸及位置的不同，預覽時就會有畫面移動的效果。

概念說明

視訊中套用了運動攝影工房就不再是視訊格式，所以也無法看到視訊各個時間的縮圖。只要按下工具列中的〔運動攝影工房〕就可以回到運動攝影工房中繼續編輯。

3-4 | 多機剪輯概念說明

以往拍攝視訊大多使用單一設備錄製，但因應著現在行動裝置的設備支援度佳，也都可以拍攝到 Full HD 或是 4K 的解析度，所以有時在錄製視訊時，不再是只有一台設備，也會同時利用多台設備來拍攝。

而同時用了多台設備所錄製的視訊，想要在剪輯時可以挑選出較佳的畫面時，最大的問題在於如何找出每段視訊中相同的位置，此時就要使用威力導演所提供的多機剪輯功能，就可以協助利用音訊或拍攝時間來比對視訊內容。

而多機剪輯在威力導演中分成二種方式：一是多機剪輯設計師，另一是音訊比對，這二種的多機剪輯方法及呈現的結果完成是不同的。

在此將多機剪輯分成單一畫面及多格畫面來說明。

▶ 單一畫面

支援四段視訊匯入後，在同一時間中挑選要顯示的畫面，所以同一個時間只能顯示一個畫面，很適合拍攝需要較多分鏡的視訊。

此類型的多機剪輯方式是使用「多機剪輯設計師」模組，視訊若在同一時間拍攝的，就可以匯入後利用音訊或拍攝時間來比對內容，但若不是在同一時間拍攝的也可以利用「多機剪輯設計師」快速剪輯，所以「多機剪輯設計師」很適合用在需要比對視訊內容或是快速剪輯的素材中。

▶ 多格畫面

多格畫面是在時間軸中進行音訊比對，所以沒有視訊數量的限制（多機剪輯設計師最多同時使用四段視訊），而製作完成的影片可以排列成電視牆的效果，讓視訊可以重疊播放

3-5 │ 多機剪輯 - 單一畫面

單一畫面的多機剪輯要使用多機剪輯設計師，但最多只支援到四機。

3-5-1 比對畫面

首先將多段同時拍的視訊進行比對畫面，先捉出相同的時間位置。此例以微電影拍攝一小段視訊內容來說明。

STEP 01 點選外掛模組中的〔多機剪輯設計師〕。

STEP 02 會跳出選單，選取〔從硬碟匯入〕，選取要匯入的素材，再按下〔開啟〕。

STEP 03 同步方法為〔音訊分析〕，再按下〔套用〕。

⚠️ **注意事項**

比對視訊時必須是同時拍攝的視訊或是不同時間拍攝但視訊的音訊內容是相同的，例如拍攝 MV 就會在錄製時播放音樂一併錄製，也就是使用音訊比對的方式，必須多段視訊中的音訊是相同的才可以比對（任何音訊內容都可以，不限定音樂）。

STEP 04 比對完成後點選 [單一視訊]。

STEP 05 視訊開始的位置在 00:00:007:10，按下 ■ 開始錄製視訊鏡頭。

STEP 06 左上角的四個窗格可以切換到錄製的鏡頭，錄製好的會顯示在錄製軌中。

STEP 07 可切換不同的鏡頭來分鏡。

3-5-2 更換攝影機鏡頭

　　錄製完成的畫面可以再分割後更換成不同的鏡頭，所以若錄製時沒有切好都沒有關係的。

STEP 01 按下 ▮▮ 停止按鈕完成錄製。

STEP 02 在錄製完成的鏡頭上按右鍵選擇不同的鏡頭。

STEP 03 鏡頭更換完成。

STEP 04 將時間線移到要分割鏡頭的位置，按下〔分割〕再到視訊的位置按右鍵點選要更換的攝影機。

STEP
05
將時間線移到要接續
錄製的位置，按下 ■
繼續錄製。

STEP
06
錄製中，可切換鏡頭。

STEP
07
再利用分割來切割鏡
頭。

補充說明

在此處的分割指的是分割鏡頭畫面，而不是剪輯視訊中的分割功能。

STEP 08 音訊來源更改為〔攝影機 4〕。

STEP 09 完成後按下〔確定〕。

 補充說明

〔音訊來源〕指的是最後完成後的視訊之背景聲，會以此設定為主，所以通常會選擇這四段影片中收音效果最好的片段來作為音訊來源。

STEP 10 多機剪輯之單格畫面完成。

 補充說明

按下〔多機剪輯設計師〕就可以回到多機剪輯中繼續編輯。

多機剪輯設計師的強項功能是比對，必須是同時拍攝的視訊或是不同時間拍攝但有相同的聲音或音樂才能比對，但是若手上並沒有同時拍攝或同音樂的素材呢？我自已常製作的另一種多機模式就是快剪，什麼意思呢？像是想要製作孩子的生活花絮視訊，但視訊大多是生活中的隨手拍攝，並不是多機的狀況，此時我會先找一首背景音樂，匯入到多機剪輯設計師作為音訊來源，再把四段平時隨手拍而不是同時拍攝的視訊匯入，當在多機剪輯設計師錄製時，不需要比對，直接跟著音樂節拍換畫面，也可以剪出很多不同鏡頭的視訊，這個方法也非常的好用，所以我才會說多機剪輯設計師有二大作用：比對及快剪。

3-6 | 多機剪輯 - 多格畫面

多格畫面猶如電視牆的效果，可以播放多個同時拍攝的視訊，營造出由各個角度觀看視訊的效果。

3-6-1 多軌音訊比對

在時間軸中直接以音訊比對，把多段視訊及音訊的音訊內容比對完成後，再以出現的時間分散至不同的軌道中排列，是非常特殊且好用的功能，通常適用於同時拍攝的多段視訊要製作成多窗格的方式呈現時，就建議使用此方法。

以下利用上節的四段視訊來製作多窗格顯示的畫面。

STEP 01 匯入四段視訊。

STEP 02 將視訊拖曳到剪輯軌 1 中。

STEP 03 按下〔依音訊同步〕。

> ⚠️ **注意事項**
>
> 視訊與音訊都可以比對，像是要製作 MV 就要把視訊及音訊一併比對，而最重要的
> 是要把所有的視訊及音訊拖曳在同一軌中才能進行比對且不支援圖片。

STEP 04 比對完成後會將視訊及音訊分別置於不同的軌道中，但是位置都是對應好
的。

STEP 05 將時間線移至第三段視訊的開頭處。

🎬 **補充說明**

因為多窗格畫面要讓四段視訊都同時出現，所以多餘的片段要刪除。

STEP 06 將其餘視訊選取，再按下 ⊩⊩ 分割視訊。

 小技巧

選取的技巧是由右下空白處向左上框選。

STEP 07 選取前方多餘的片段。

STEP 08 按下 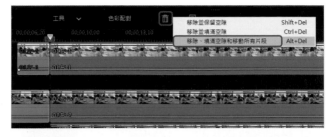 ＜刪除＞，再選擇〔移除、填滿空隙和移動所有片段〕。

STEP 09 將時間移至 00:00:31:04。

STEP 10 按下分割影片。

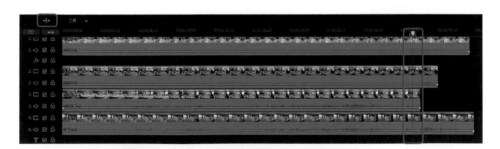

STEP 11 將分割後的多餘片段按下 ＜刪除＞。

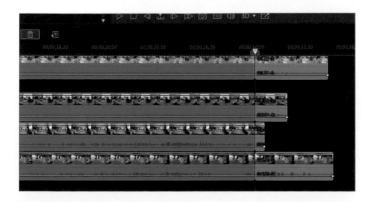

3-6-2　多窗格畫面調整

在威力導演中要將視訊畫面縮小及移動，只要在預覽視窗中即可調整，另外若要多個畫面重疊時，排列的順序是越下方的軌道顯示越上方，所以剪輯軌 4 的內容會在剪輯軌 3 之上。

STEP 01　要以剪輯軌 4 的音訊為視訊的音訊來源，所以其餘軌道的音訊軌要關閉成靜音。只要將顯示的勾選取消即可整軌靜音。

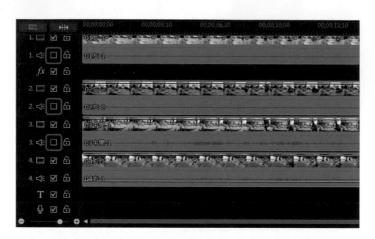

STEP 02　點選剪輯軌 4 的視訊，按下 ▣ 設定預覽品質。

STEP 03 顯示選項 > 開啟格線。格線為〔2X2〕。

補充說明

因為共有四段視訊,所以開啟 2X2 的格式,可自行
決定要開啟多少的格線,另 18 版本已內建中心線
對齊,無須另外開格線即可達到 2X2 格線的效果。

STEP 04 調整影片尺寸及位置。

補充說明

先點選剪輯軌 4 是因為此軌的視訊顯示時最高,所以先調整。游標移到視訊的
外框白色控點可以調整尺寸,中間藍色十字圖示可移動視訊。

STEP 05 再點選剪輯軌 3，調整視訊的尺寸及位置。

STEP 06 其餘二軌依照相同的步驟調整視訊尺寸及位置。

燕秋老師經驗分享

在拍攝多機時，每台拍攝設備要注意一件事，就是所使用的視訊尺寸要相同，例如統一使用 16:9 來拍攝，不要有 4:3 或 16:9 混搭，這樣子排列在視窗中顯示比例不同，尺寸比較就會不同，反而會造成部分視訊要利用裁切來裁成相同尺寸，在製作上會很花時間的。

基礎練習 CCA CCP

1. (　) 可將影片分為兩段為何種功能？

   A. 分割　B. 修剪　C. 多機剪輯設計師　D. 剪下

2. (　) 可將影片透過標示開始及結束位置來剪輯為何種功能？

   A. 分割　B. 單一修剪　C. 多重修剪　D. 剪下

3. (　) 將視訊速度調慢要使用何種功能？

   A. 威力工具 / 視訊裁切　　　　　　　B. 威力工具 / 視訊旋轉

   C. 時間長度　　　　　　　　　　　　D. 威力工具 / 視訊速度

4. (　) 將視訊內容倒著播放為何種功能？

   A. 威力工具 / 倒播　　　　　　　　　B. 威力工具 / 視訊旋轉

   C. 時間長度　　　　　　　　　　　　D. 威力工具 / 視訊速度

5. (　) 將視訊方向旋轉要使用何種功能？

   A. 威力工具 / 視訊裁切　　　　　　　B. 威力工具 / 視訊旋轉

   C. 時間長度　　　　　　　　　　　　D. 威力工具 / 視訊速度

進階練習 CCP

1. (　) 開啟 - 範例資料夾 exam 中「delete.pds」檔案，刪除第二個素材「藍色色板」後比對以下畫面為使用了哪個刪除方法？

   A. 移除並填滿空隙　　　　　　　　　B. 移除並保留空隙

   C. 移除、填滿空隙和移動所有片段　　D. 移除

2. （　） 將「V01.wmv」整段的速度調整為變「0.6X」後，請問「Kite Surfing.wmv」的影片片段長度？

    A. 00:00:43:05 　　　　　　　　　B. 00:00:43:25

    C. 00:00:43:23 　　　　　　　　　D. 00:00:43:11

3. （　） 開啟 - 範例資料夾 exam 中「sport.pds」檔案，查看剪輯軌 1 中的影片在 00:00:04:15 處套用了幾次重播效果？

    A. 3 次 　　　　　　　　　　　　B. 2 次

    C. 1 次 　　　　　　　　　　　　D. 4 次

4. （　） 設定視訊可顯示的區域及移動效果之功能為何？

    A. 視訊裁切（裁切 / 縮放 / 平移） B. 畫面翻轉

    C. 修剪影片 　　　　　　　　　　D. Magic Montion 設計師

5. （　） 設定視訊的開始及結束位置，只能剪輯單一視訊片段為何種剪輯方式？

    A. 單一修剪 　　　　　　　　　　B. 分割

    C. 內容感應編輯器 　　　　　　　D. 多重修剪

6. （　） 何種功能內建超過 30 種動態設計範本，只需將影像素材拖拉至範本中，即可轉換為風格獨具的 3D 動態視訊效果，並可直接添加視訊特效、轉場特效、文字等效果？

    A. 創意主題設計師 　　　　　　　B. 繪圖設計師

    C. 多鏡剪輯設計師 　　　　　　　D. 多機剪輯設計師

7. （　） 利用單一修剪將「V01.wmv」前面剪掉「3 秒」，所剩下的影片再加速為「3X」，請問剩下的影片總長度為何？

    A. 00:00:07:20 　　　　　　　　　B. 00:00:07:23

    C. 00:00:07:25 　　　　　　　　　D. 00:00:07:27

8. (　) 在威力導演中若要刪除（插入）物件時，其他軌道要一起移動時，要選擇？

    A. 交叉淡化

    B. 移除、填滿空隙和移動所有片段

    C. 移除並填滿空隙

    D. 移除並保留空隙

9. (　) 運動攝影工房中包括了哪幾種影片剪輯的功能？

【本題為複選題，請選 3 個答案】

    A. 速度調整　　　　　　　　B. 追蹤人物

    C. 倒播　　　　　　　　　　D. 凍結畫格

    E. 快速專案範本　　　　　　F. 多機剪輯

校園導覽 GOGOGO

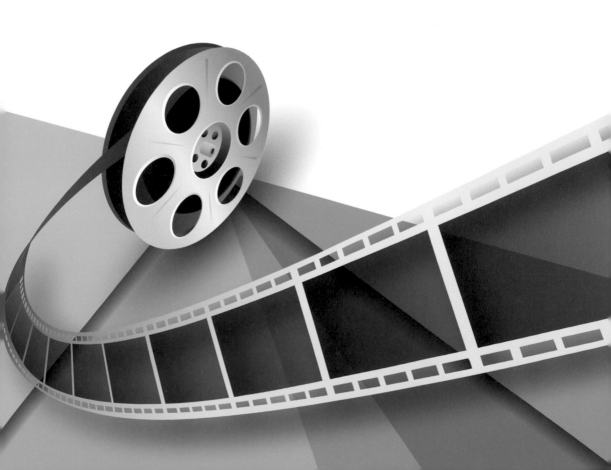

本章以校園導覽為主題，利用地圖導覽的方式，逐一顯示景點的介紹文字及視訊或圖片，再搭配掃描 QR Code 的方式將現有網站資訊與視訊展示結合應用，可應用在展示校園時又可以透過手機掃描顯示更加詳細的說明。

主地圖

景點介紹

景點介紹

4-1 | 縮時攝影

首先先製作各個景點的小視訊或幻燈片秀，在此節介紹如何將景點的圖片製作成縮時攝影的視訊。

4-1-1 學習重點

▶ 何謂縮時攝影？

縮時攝影（Time-lapse photography），亦稱為間隔攝影、曠時攝影，是一種將畫面拍攝幀率設定在遠低於一般觀看連續畫面所需幀率的攝影技術，在正常速度播放時，會感覺時間經過得較快速，產生流逝感。

舉例而言，對一個變動的景色以每秒一張的速度進行連續拍攝，再以每秒 30 張的速度播放，便會呈現出加速 30 倍的視覺效果。簡言之縮時攝影就是在連續的時間中拍攝成多張圖片，再將這些圖片的播放時間設定成畫格，營造出速度感，就是所謂的縮時攝影，所以製作縮時攝影的素材是圖片，不是視訊。

▶ 縮時攝影拍攝工具

目前支援縮時攝影功能的拍攝設備越來越多樣化，不論相機或手機，甚至是 APP 軟體都有支援，選擇性非常多。而縮時攝影 App，推薦下載 Lapse it（有免費版及付費版），可支援 Android 和 iOS。

4-1-2　將景點圖片製作成縮時攝影視訊

書附光碟中的圖片資料夾中有二個縮時攝影的資料夾，請利用此二個資料夾來練習。

> 📁 草坪
> 📁 圖資大樓-縮時攝影
> 📁 綜合大樓-縮時攝影

STEP 01 將〔綜合大樓 - 縮時攝影〕素材匯入至威力導演中。

STEP 02 將圖片全選〔Ctrl＋A〕往下拖曳至剪輯工作區。

STEP 03 按下 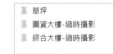＜時間長度＞。

STEP 04 設定單張時間長度為 00:00:00:05，再按下〔確定〕。

概念說明

時 : 分 : 秒 : 畫格

預設 30 畫格為 1 秒

每張播放時間為 5 畫格，因此每秒播放張數為 30/5＝6 張。

而畫格數越大，跳動感越重；畫格數越小，較為順暢平滑。

STEP 05 預覽時為縮時攝影的效果。

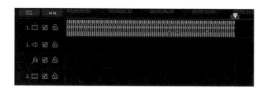

補充說明

要注意圖片與專案的比例是否相符合。

若圖片原本為 4:3，專案也為 4:3 時，預覽的視窗會滿版顯示。

若專案為 16:9，圖片尺寸為 4:3，則左右會有黑邊。

STEP 06 儲存名為〔綜合大樓〕的專案。

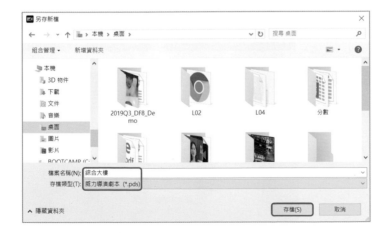

4-2 | 安排地圖景點

　　將景點要呈現的視訊事先製作成縮時攝影視訊或幻燈片秀，再建立一個地圖的專案，將各個景點的介紹內容放入，所以接下來製作導覽地圖。

4-2-1 裁切圖片

　　地圖尺寸並不是與專案比例相同，所以使用〔裁切圖片〕功能讓地圖可以滿版顯示而不會有左右的黑邊。

STEP 01 按下〔檔案 > 開新專案〕。

STEP 02 匯入素材。

STEP 03 將素材中〔實踐地圖〕拖曳至剪輯工作區，並點選該素材，按下 <剪裁選取圖片>。

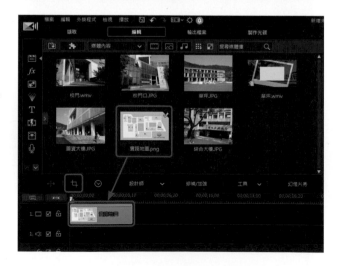

STEP 04 在裁切圖片工作視窗中,選取裁切比例為〔16:9〕,確認裁切範圍為圖片完整畫面,按下〔確定〕。

補充說明

〔剪裁選取圖片〕功能為將匯入之圖片裁切,使之與專案比例相同。

STEP 05 地圖為滿版畫面。

 知識庫

地圖原圖解析度為 1466*825,並不是標準的視訊格式規格,因此匯入後畫面呈現會有黑邊狀況,透過〔裁切圖片〕設定與專案比例相同,避免後續回頭修改的不便。

STEP 06 更改地圖的時間長度為〔00:00:50:00〕,再按下〔確定〕。

補充說明

地圖的時間長度最後要與專案總長度相同，在此只是事先延長到 50 秒，可視實際需要再延長。

STEP 07 按下 ⊪⊪ ＜檢視整部影片＞按鈕，將時間軸快速放縮放填滿工作區。

小技巧

再來要製作其他內容，可以鎖定剪輯軌以免地圖被動到。

🔓 剪輯軌為未鎖定。

🔒 鎖定剪輯軌，避免修改時移動到該軌道之素材。

知識庫

素材經剪裁後，會複製為副本並保留原始素材。

副本　　　　　　原圖

4-2-2 調整圖片尺寸及位置

景點要放在地圖之上，所以匯入後調整尺寸及位置。

STEP 01 將校門口圖片拖曳至剪輯軌 2 中。

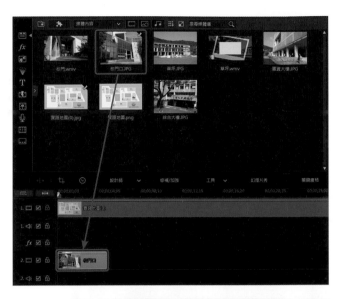

STEP 02 點選圖片後在預覽視窗中可以針對圖片進行調整。

STEP 03 將滑鼠移至右下角的白色控點上，出現縮放圖示，拖曳縮小圖片。

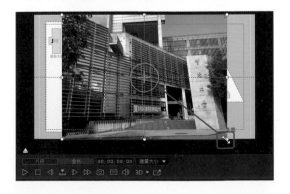

STEP 04 將滑鼠移置圖片中央,出現移動圖示,將圖片移至對應大樓旁位置。

4-2-3 改變圖片外框形狀

在地圖中顯示的景點圖片,形狀預設都是矩形,為了畫面美觀,利用遮罩設計師變更成橢圓形外框。

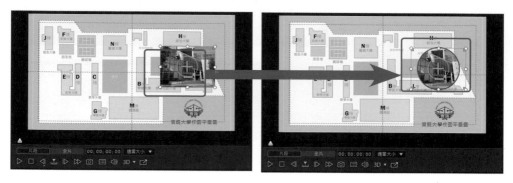

矩形外框   橢圓形外框

STEP 01 點選圖片,按下〔設計師 > 遮罩設計師〕。

STEP 02 切換到〔遮色片〕標籤頁中，開啟〔遮罩屬性〕，點選〔圓形遮罩〕再按下〔確定〕。

STEP 03 此時圖片呈現橢圓形外形。

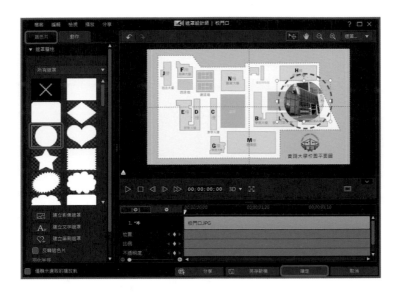

4-2-4 外框格式設定

遮罩外框還可以變更外框色彩、陰影等功能，讓外框有更多不同的變化。

STEP 01 點選圖片後快按左鍵二下，開啟〔子母畫面設計師〕。

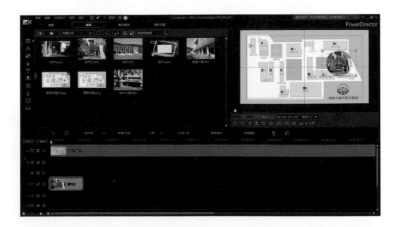

STEP 02 勾選〔外框〕後按
下左側向下箭頭。

STEP 03 點選色票用來選取
色彩。

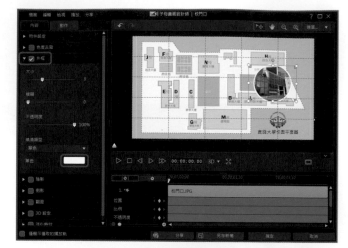

STEP 04 選取所需顏色後點選〔確
定〕。

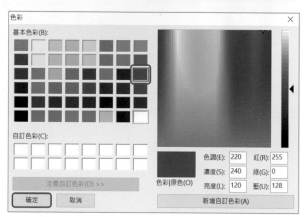

STEP 05 調整外框大小為
〔2〕再按下〔確定〕。

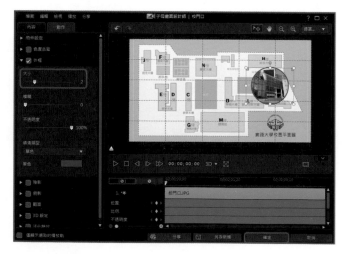

STEP 06 在預覽視窗中點選圓形遮罩圖片。

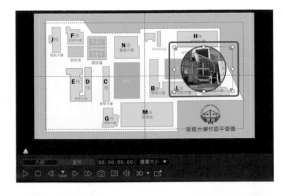

STEP 07 移動並縮小至該大樓位置。

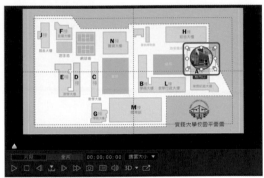

STEP 08 點選剪輯軌 2 的圖片後,將滑鼠移至素材末端,出現左右箭頭後即可拖放此圖片停留時間長度。

STEP 09 將圖片長度至與地圖長度一致。

STEP 10 重複以上步驟,將其餘景點完成,並分開擺放至獨立剪輯軌。

STEP 11 將完成景點的剪輯軌鎖定。

4-3 | 下載免費 icon 圖示

製作視訊時常會需要一些圖示來加註說明或裝飾用,可以上網下載免費的 icon 圖示,匯入到威力導演中使用,此範例在地圖中要放置迴紋針圖示來標示景點,所以示範如何下載合法授權又免費的 icon 圖示。

STEP 01 前 往 ICONFINDER 網 站〔www.iconfinder.com〕,關 鍵 字 搜 尋 輸 入〔Pushpin〕。

STEP 02 Price 為〔Free〕選項。

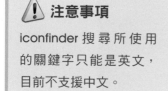

⚠ 注意事項
iconfinder 搜尋所使用的關鍵字只能是英文,目前不支援中文。

篩選出免費使用之圖釘圖示，點選喜歡的圖示。

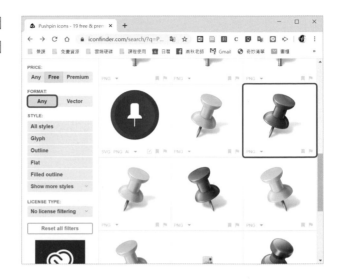

補充說明

PNG 為一種具有透明背景的圖檔格式，匯入威力導演中才會是去背圖片。

圖片下方有授權方式，要注意若為創用 CC 授權，就要加註作者姓名。

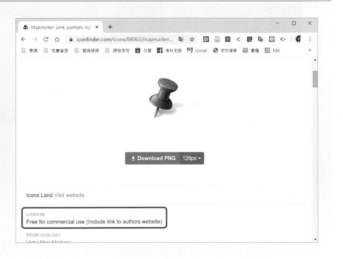

STEP 04 點選解析度的數字，選擇最高的數字，放開後會自動下載此圖片。

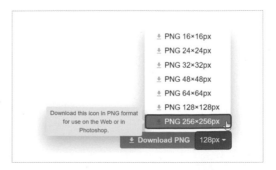

STEP 05 選擇要儲存的路徑後，按下〔存檔〕。

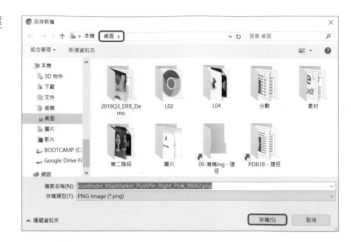

STEP 06 將圖釘匯入媒體工房中。

4-4 | 景點介紹內容

　　導覽到某一景點時會顯示景點的介紹內容，除了標題及文字之外，還會搭配著視訊或是圖片介紹此景點。

4-4-1　裝飾用之圖釘

將下載的圖釘圖示放在景點的位置標示景點。

STEP 01　按下 ＜新增軌道＞按鈕。

STEP 02　新增〔2〕個視訊軌，位置〔在第 2 軌上〕再按下〔確定〕。

> 🎞 **補充說明**
>
> 由於只放置圖片，並沒有音訊，因此不需增加音訊軌。

STEP 03　時間軸中新增了兩個軌道，原本的軌道下移至第 4 軌。

STEP 04 將圖釘拖曳至剪輯軌 2 處。

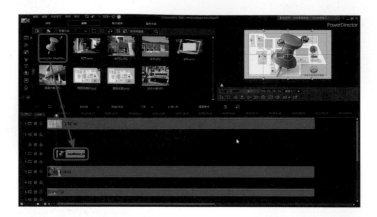

STEP 05 將圖釘縮小移至景點圖片上，此時
發現圖釘被遮擋在後。

STEP 06 使用拖曳方式改變軌道前後順序－將滑鼠位置
放置剪輯軌 4 前面位置，按住左鍵不放開，往
上拖移至剪輯軌 2 上方放開。

STEP 07 拖移成功後，原本的剪輯軌 4 變成剪輯軌 2。

補充說明

在時間軸中的軌道順序，越下方的軌道顯示時越
上方，所以剪輯軌 4 的內容會在剪輯軌 2 之上方
顯示。

預覽畫面中圖釘在圖片上方。

4-4-2 色板為底圖

當文字壓在圖片上時，因為圖片顏色較鮮艷，導致於文字較不易閱讀，建議可以使用色板作為底色，用來突顯文字，在視覺效果上也比較能區分出重點為何。

STEP 01 開啟色板功能位置，點擊素材區左側三角按鈕 >。

STEP 02 切換到〔色板〕，點選〔黑色〕色塊。

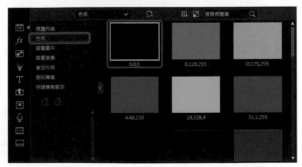

STEP 03 將選取的黑色色塊，往下拖曳至剪輯軌 4 位置與圖釘對齊。

STEP 04 拖曳改變剪輯軌前後順序，將色板放置於圖釘軌道上方。

STEP 05 在黑色色板上快按左鍵二下。

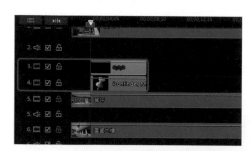

補充說明

在畫面上剪輯軌越上方，層級越後面。

STEP 06 進入子母畫面設計師，打開〔物件設定〕。

STEP 07 取消勾選〔維持顯示比例〕。

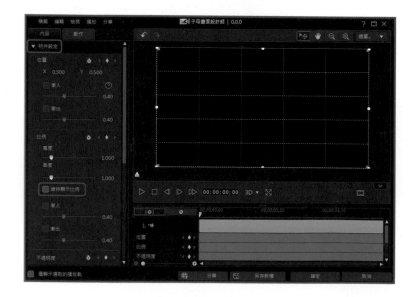

STEP 08 調整色板位置為畫面所示。

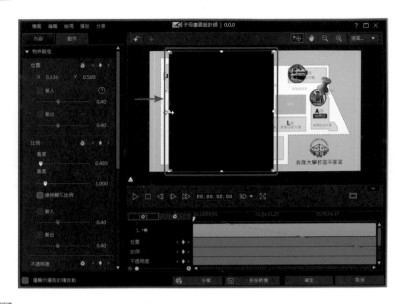

STEP 09 不透明度為〔75%〕再按下〔確定〕。

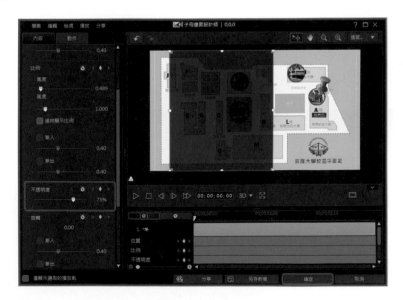

知識庫

剪輯軌的順序決定於顯示的順序，而剪輯軌數字越大代表著顯示越後（下）方，色板及圖釘都是在地圖的上方，所以在剪輯軌順序中是放在最下方的軌道，表示顯示時最上方。

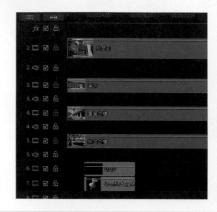
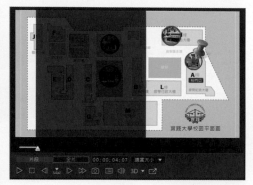

4-4-3　景點標題文字

除了一般文字之外，也支援特效文字，可讓文字有更多不同的特效變化。

STEP 01 按下 <kbd>T</kbd> 開啟文字工坊。將〔預設〕文字樣式拖曳至剪輯軌中。

STEP 02 在文字方塊上快按左鍵二下。

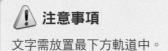

⚠ 注意事項

文字需放置最下方軌道中。

STEP 03 修改文字為〔實踐大學〕並調整位置。

♟ 小技巧

按下 ▣ 開啟電視安全框功能，避免文字超出安全框範圍。

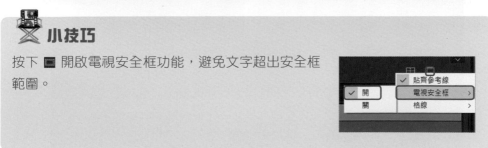

STEP 04 設定文字字型，切換到〔特效〕標籤頁。

STEP 05 選擇〔霓虹燈〕樣式。

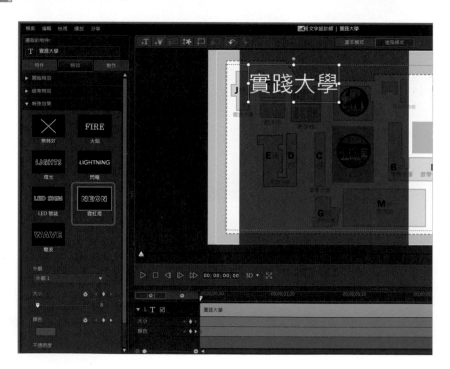

STEP 06 變更外觀及顏色。

補充說明

文字一旦套用了特效，就無法再使用開始特效及結束特效。

STEP 07 預覽完成後，按下〔確定〕。

4-4-4 景點視訊或圖片

　　景點介紹除了標題文字，也需要有一些視訊來襯托，在此將事先製作好的縮時攝影視訊或幻燈片秀視訊置入。

STEP 01 按下 ▣ 回到〔媒體工坊〕，將校門視訊拖曳至文字下方軌道。

STEP 02 將視訊縮小並移至黑色色板上與文字對齊。

STEP 03 在視訊上快按左鍵二下，開啟〔子母畫面設計師〕。

STEP 04 勾選〔外框〕，設定大小為〔2〕再按下〔確定〕。

STEP 05 將色板、圖釘、視訊及標題文字的
時間長度設成等長（以視訊長度為
主）。

4-4-5　景點介紹內容

最後加上景點介紹文字。

STEP 01 切換至〔文字工坊〕，將〔預設〕文字拖曳至時間軸中。

STEP 02 將文字時間與視訊時間對齊後快按左鍵二下。

STEP 03 輸入學校相關資訊再按下〔確定〕。

STEP 04 預覽視訊。

4-4-6 複製及取代景點內容

STEP 01 將製作好的景點軌道選取。按右鍵點選〔複製〕。

STEP 02 將時間軸移至後方,按右鍵點選〔貼上 > 貼上並覆寫〕。

STEP 03 景點介紹內容複製完成。

STEP 04 將要覆寫的視訊拖曳到剪輯軌的物件中,點選〔取代〕,可將素材更換。

補充說明

〔覆寫〕則是以要替換的視訊長度為主,完全取代原視訊。

原視訊較短,要替換的視訊較長,使用〔覆寫〕則會保留要替換的視訊長度,視訊長度會變長。

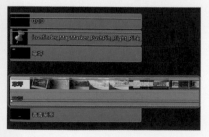

〔取代〕則是保留原視訊的長度,內容換成要替換的視訊。

原視訊較短,要替換的視訊較長,使用〔取代〕則會保留原的視訊長度,替換
的視訊會被裁切。

STEP 05 其餘標題及文字內都要一併修正。

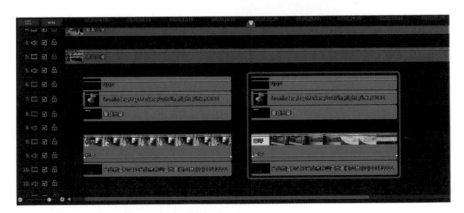

4-4-7 插入巢式專案成 PIP 物件

在 4-1 節中製作的縮時攝影專案檔,可以直接插入此專案中為覆疊式專
案,與其他軌道的物件重疊顯示,就不用再像之前要把專案先輸出成影片後再
匯入。

STEP
01 時間線先放在專案的空白處，點選〔檔案 > 插入專案〕。

STEP
02 選擇專案檔後，按下〔開啟〕。

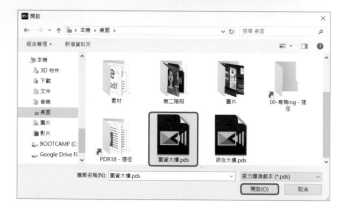

STEP
03 專案會插入至時間線所在位置。

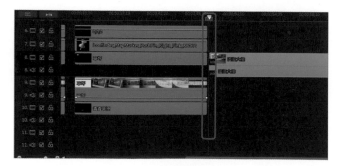

STEP 04 再將此專案覆疊至景點介紹的影片上，並調整長度。

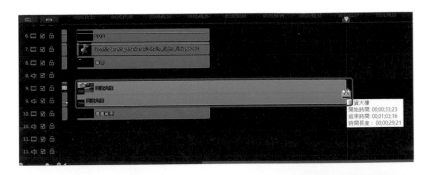

STEP 05 在預覽視窗中可以調整物件位置
及修改文字內容。

4-5 | QR Code 掃描整合資訊顯示

在景點介紹文字顯示時帶出 QR Code，用來補充更多的資訊，在此利用掃描 QR Code 顯示學校網站，可以讓網頁資訊與視訊結合應用。

STEP 01 複製學校網址。

STEP 02 開啟分頁輸入〔reurl〕，再按下〔QRCode〕。

STEP 03 貼上網址後按下〔送出〕。

STEP 04 按下〔下載圖片〕，將 QR Code 儲存在桌面。

STEP 05 匯入 QR Code 圖片後拖曳至剪輯軌中。

STEP 06 調整 QR Code 尺寸及位置。

⚠️ **注意事項**

QR Code 在掃描時所顯示的尺寸很重要，為了防止無法掃描，建議視訊若要在 YouTube 中播放，尺寸至少要在畫面中的 1/4，掃描的準確率才會提高。

基礎練習

1. (　) 在文字設計師中如何新增文字方塊？

A. ▢　B. ✱　C. ₊T　D. ♦

2. 請寫出以下按鈕在文字設計師中的功能為何？

A. ▢　B. ✱　C. ₊T　D. ♦

3. 要製作出如圖的視訊，時間軸中的素材（物件）該如何安排（利用檔案名稱畫出軌道順序）？（以未反轉時間軸剪輯軌順序為主）

4. 如圖所示之軌道順序，此三個素材在預覽畫面將會如何顯示順序呢？（以未反轉時間軸剪輯軌順序為主）

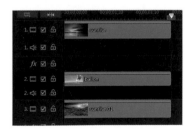

5. 什麼檔案格式的圖片匯入至威力導演才會是去背的圖片（透明背景）？

進階練習 CCP

1. 使用預設文字樣式，文字內容為〔威力導演〕，文字顏色為〔白〕色，
   對齊方式為「水平、垂直皆置中」，文字大小為〔48〕，外框色為〔灰〕
   色，大小為〔10〕，請自行製作。

5

新聞事件懶人包

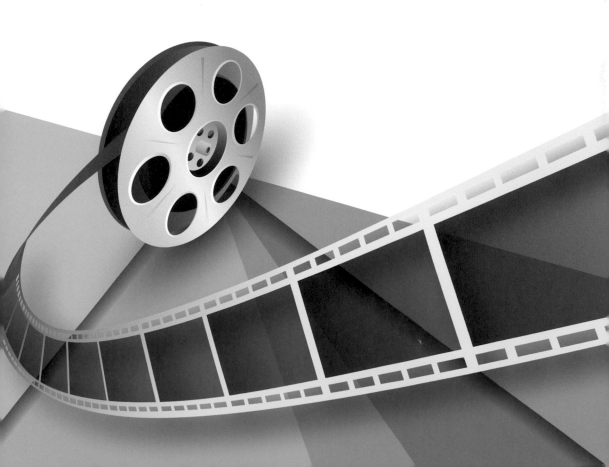

近　來在網路上常看到一些關於議題類型的視訊，例如空污議題 -PM2.5 盛行時，就有很多關於 PM2.5 的視訊或圖文，幫助大眾快速了解到什麼是 PM2.5，而這類的視訊或圖文就是俗稱的〔懶人包〕，本章將帶領如何從無到有製作出懶人包，包括一開始的主題構思、素材收集及剪輯後製等，看完本章後對於製作任何議題的懶人包或新聞事件報導都不是難事。

5-1 | 懶人包基本概念

5-1-1　什麼是懶人包？

懶人包為資訊傳遞的一種方式，起源於每一新聞事件發生時，總有混亂的資訊讓大家摸不著頭緒，於是有熱心人士將整個事件的始末、發生的流程等相關資訊整理成簡要、完整的說明，以利於快速了解，演變至今，成為傳播媒體的新型態應用，透過新聞、多媒體等方式結合，也應用在行銷及商業行為上，成為廣泛應用的另類傳播媒體。

所以懶人包扮演的角色為將〔原始資料〕經由〔組織歸納〕後呈現〔易讀資訊〕，讓一般人在短時間內快速了解一個議題（事件）。

▶ 懶人包製作時蒐集資料的注意事項

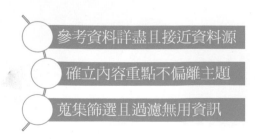

　　蒐集資訊時最好是第一手的資料，盡量不是已轉貼的內容，不然對於正確性而言是會受到質疑的，另外在資料蒐集時，盡量不偏離主題，內容限縮後所呈現出的資訊會更詳盡，所以在蒐集資料時要特別注意以上三點。

5-1-2　懶人包製作流程

　　以本章範例為例（感謝臺南市政府財政稅務局提供範例及素材）

1.　確定主題：介紹何為「雲端電子發票」。

2.　撰寫腳本

　　此為架構視訊內容，可以有助於釐清重點，並將口白內容打成逐字稿，因為威力導演中匯入字幕功能支援 txt 檔案，所以建議將腳本打在記事本中，以利後續製作。建議視訊長度大約三分鐘內即可，長度不要太長。

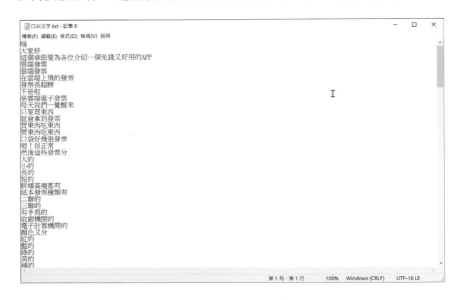

3. 蒐集素材

針對內容蒐集對應的圖片，要注意圖片的合法性，所以如何下載合法授權的圖片請參閱 5-2 節。

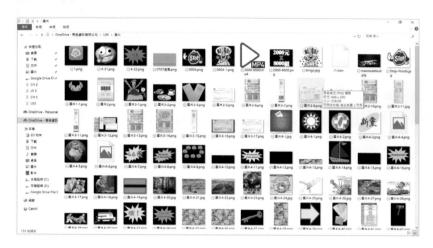

4. 錄製口白

可在威力導演中事先將口白錄製成音訊檔案，錄製方式請參閱 5-3 節。

5. 後製剪輯

將口白、圖片互相搭配成視訊內容，再加上文字或是特效豐富內容。製作時注意文字的停留時間要足夠觀眾閱讀並且可以搭配標題或旁白幫忙瞭解影片重點。

6. 輸出視訊

輸出成懶人包（新聞事件）視訊。

5-2 | 下載合法授權的圖片

圖片在蒐集時要注意合法性，並不是在網路上隨意可下載，本節會介紹有哪些可以下載的合法免費圖片網站，才不會侵權。

介紹二種合法授權方式，一個為「創用 CC 授權條款」（CreativeCommons），另一個為「公眾領域貢獻宣告」（CC0）。

▶ 創用 CC 授權條款（CreativeCommons）

引用來源：http://creativecommons.tw/explore

著名法律學者 LawrenceLessig 與具相同理念的先行者，於 2001 年在美國成立 CreativeCommons 組織，提出「保留部分權利」（SomeRightsReserved）的相對思考與作法。

CreativeCommons 以模組化的簡易條件，透過 4 大授權要素的排列組合，提供了 6 種便利使用的公眾授權條款。創作者可以挑選出最合適自己作品的授權條款，透過簡易的方式自行標示於其作品上，將作品釋出給大眾使用。透過這種自願分享的方式，大家可以群力建立內容豐富、權利清楚、且便於散布的各式內容資源，嘉惠自己與其他眾多的使用者。

而 CreativeCommons 所提供的公眾授權條款，台灣稱為「創用 CC 授權條款」，取其授權方式便於著作的「創」作與使「用」之意。

▶ 四個授權要素

創用 CC 授權條款包括「姓名標示」、「非商業性」、「禁止改作」以及「相同方式分享」四個授權要素，其意思分別為：

姓名標示表示：您必須按照著作人或授權人所指定的方式，表彰其姓名

非商業性表示：您不得因獲取商業利益或私人金錢報酬為主要目的來利用作品

禁止改作表示：您僅可重製作品不得變更、變形或修改

相同方式分享表示：若您變更、變形或修改本著作，則僅能依同樣的授權條款來散布該衍生作品

▶ 公眾領域貢獻宣告（CC0）

引用來源：http://creativecommons.tw/cc0

「公眾領域貢獻宣告」（CC0）可使科學家、教育工作者、藝術家、其他創作者及著作權人，或內容受資料庫保護的權利人等拋棄他們對各自著作的利益，並盡可能將這些著作釋出到公眾領域，讓其他人可以任何目的自由地以該著作為基礎，從事創作、提升或再使用等行為，而不受著作權或是資料庫相關法律的限制。CC0 與其他創用 CC 授權不同，後者允許著作權人在一定範圍內選擇釋出的權利，並保留部分權利；相反的，CC0 則提供另一種　不保留權利的授權選擇，讓權利人能選擇不受著作權及資料庫相關法律保護，也不享有法律直接提供給創作人的排他權。

5-2-1　LibreStock 圖片網站

LibreStock 為圖片蒐尋引擎，集結了 47 個網站的圖片，所能下載的圖片大多為「公眾領域貢獻宣告」（CC0），都可以免費使用及下載。

STEP 01 開啟瀏覽器後連至 http://librestock.com/

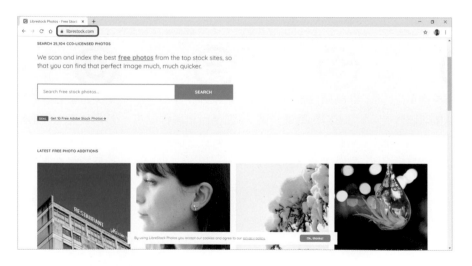

STEP 02 輸入〔Forest〕關鍵字，按下〔FindPhotos〕搜尋。

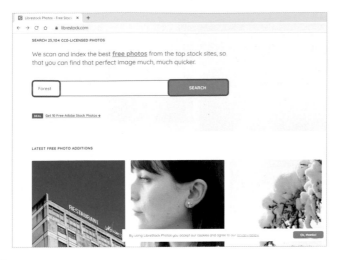

> ⚠️ **注意事項**
> 在此的蒐尋關鍵字只支援英文。

STEP 03 會顯示符合關鍵字的圖片。

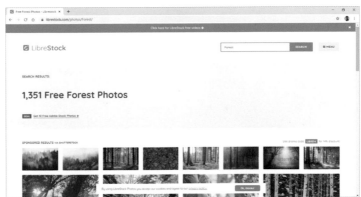

STEP 04 點選要下載的圖片。

STEP 05 點選〔FreeDownload〕下載。

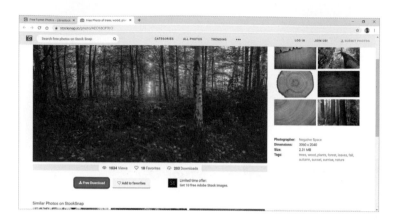

⚠️ **注意事項**

須注意一下此圖片平台的授權方式為
何。有些會因為有共同規定所以集中
在 LICENSE 頁，有些則是以創作者
上傳的設定為主，最佳的授權方式為
CC0。

STEP 06 在不同來源網站會有不同選項，有些會讓使用者選取需求尺寸，點選〔Free
Download〕。（此範例位於 pexels 網站）

⚠️ **注意事項**

如需要點選最下方原
始最大解析度，在一
些網站會需要註冊登
入才可下載。

STEP 07 如果於 IE 或 Edge，請點選〔儲存 > 另存新檔〕

⚠️ **注意事項**

Chrome 可自動存檔，也可調整為詢問存放位置。

STEP 08 選擇存檔位置及檔名，點選〔存檔〕。

5-2-2 Google 圖片

Google 圖片也是可以下載圖片的一個網站，但是要注意可授權的範圍，並不是所有的圖片都可以下載。

STEP 01 開啟瀏覽器後輸入 https://www.google.com.tw，於搜尋列輸入關鍵字〔bingo 圖片〕，再按下〔Google 搜尋〕。

STEP 02 點選〔圖片〕類別，即出現符合的圖片。

STEP 03 點選開啟〔工具 > 使用權〕。

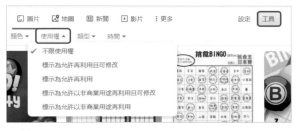

STEP 04 選擇適合自己的使用權利。

知識庫

Google 提供五種授權搜尋，分別為「不限使用權」、「標示為允許再利用且可修改」、「標示為允許再利用」、「標示為允許以非商業用途再利用且可修改」、「標示為允許以非商業用途再利用」。

不限使用權所找到的圖會是最多的，但大多也是無法公開使用的，所以還是要慎選使用權。

STEP 05 點選所需之圖片。

STEP 06 出現圖片資訊。

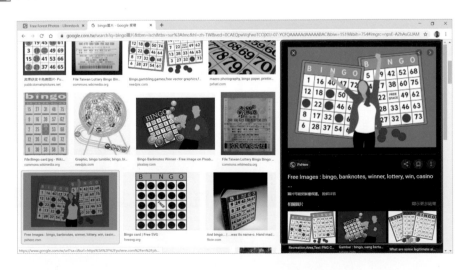

STEP 07 在圖片上按右鍵點選〔另存圖片〕。

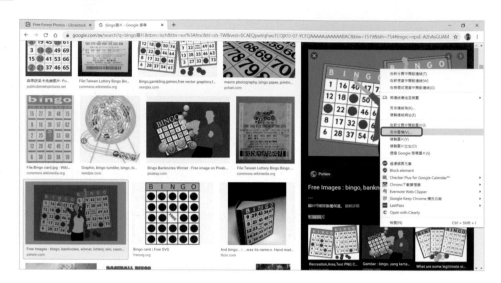

　　以上介紹常用的二個圖片下載網站，LibreStock 主要以照片為主，而 Google 圖片較多為插圖，這二個部分可以混搭使用，另外除了這二個網站之外還有一些不錯的網站可使用，可上網 Google 搜尋一下就可以發現更多的資源。

5-2-3　自製文字圖片

　　除了利用下載的方式搜尋圖片之外，有些文字內容是無法下載的，那就要自行製作。在此利用 PowerPoint 製作對話方塊文字，可以用來加強懶人包內容。

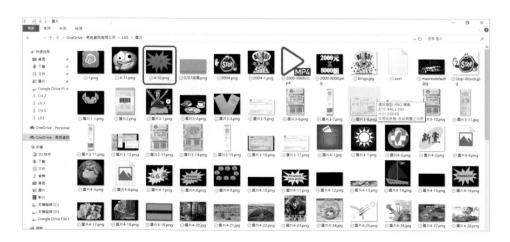

STEP
01 開啟使用 PowerPoint，點選〔插入 > 圖案〕，選擇〔爆炸〕圖形。

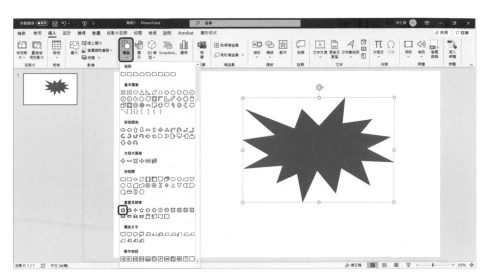

02 圖形上按右鍵點選〔編輯文字〕。

03 輸入所需文字。

STEP 04 切換至〔繪圖工具 > 圖形格式〕更換圖片樣式。

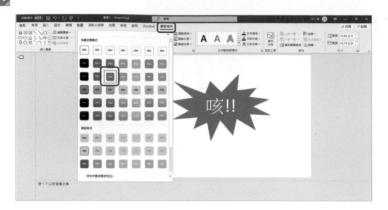

STEP 05 選取文字,點選〔文字藝術師樣式〕更改文字樣式。

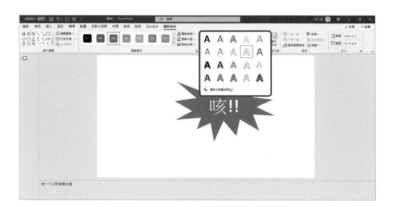

STEP 06 更改完畢後,於圖形上方按右鍵選〔另存成圖片〕。

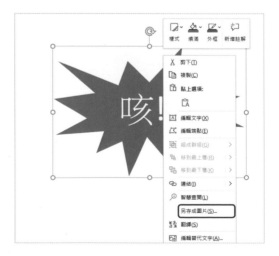

補充說明

需在圖形完全選取的狀態下〔另存成圖片〕指令才會出現，如修改游標還停留在圖形內或是文字上，則不會出現。

STEP 07 選擇存檔位置與輸入檔名，點選〔儲存〕。

⚠️ **注意事項**

要儲存成 PNG 格式才會是透明背景的圖片。

STEP 08 文字圖片製作完成。

5-3 │ 音訊處理

　　口白內容會製作成音訊（旁白）及字幕（口白文字），所以先確定好腳本內容後再錄製成旁白音訊，而除了自行錄製音訊之外，也可以使用文字轉語音的方式將文字輸入後轉成音訊檔案。

5-3-1　確定腳本內容

　　腳本內容確定後才能再進行其他的部分，所以要先把口白內容繕打成文字檔案。

　　而因威力導演支援匯入的字幕檔案為 txt 格式，所以請使用記事本輸入內容，而不要使用 Word。

STEP 01 先將口白文字打在記事本中。

STEP 02 盡量一句話打成一行，且不要有標點符號，若要一行二句，則利用空格隔開即可。

5-3-2 錄製口白音訊

　　錄製的設備可以使用麥克風（電腦專用）或是 WebCam 網路攝影機，燕秋老師個人使用的錄音設備都是以 WebCam 網路攝影機為首選，所收錄的音質會比電腦用之麥克風好且較少雜訊。所以在錄製前請將錄音設備準備好才能開始錄製。

STEP 01 切換至〔擷取〕標籤。

STEP 02 點選 🎤＜麥克風＞圖示，首先〔變更資料夾〕設定錄音後存檔位置。

STEP 03　選擇桌面位置，點選〔確定〕。

STEP 04　確認音量狀態有上下跑動後，按下 ■＜錄音＞鈕。

補充說明

音量調確認至少能有 1/3 以上的跳動，確保錄製音訊清楚。

STEP 05　錄製完畢按下停止鈕，輸入檔名，按下〔確定〕，即可在先前設定的路徑位置看到檔案。

STEP 06 錄製完畢的音訊也會出現在右側窗格。

STEP 07 切換至〔編輯〕工作區。

STEP 08 即可看到剛錄製的音訊檔匯入在媒體素材區中。

 小技巧

如素材過多，可透過上方素材種類按鈕篩選，按下 ▨ ▦ ，篩選掉影片與照片，畫面只剩下音訊種類檔案。

補充說明

錄製好的音訊也會自動放到音訊軌中，若暫不需要可以先行刪除。

5-3-3 文字轉語音服務

如果覺得自己的聲音表情不夠到位，也可以不自行錄製口白，利用網路上的文字轉語音服務，也可以將文字輸入後產生音訊檔案，也就是類似傳說中的 Google 小姐的聲音，也是越來越多懶人包或新聞事件所使用的口白方式。

STEP 01 開啟瀏覽器後連線至 https://soundoftext.com/

STEP 02 下方窗格輸入欲轉換成語音的內容。

STEP 03 點選〔play〕可試聽語音，點選〔Download〕可下載此語音。

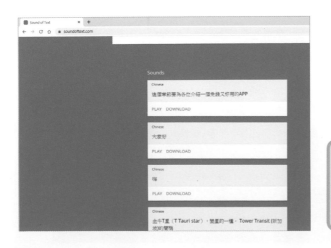

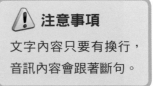

⚠️ **注意事項**

文字內容只要有換行，音訊內容會跟著斷句。

STEP 04 下載完成。

> ⚠️ **注意事項**
>
> 文字會依據內容變更檔案名稱，這讓後續在編輯過程中能容易辨識。

> 🎞️ **補充說明**
>
> 可以幾句內容為一個音訊檔，不要全部轉成一個音訊檔，因為是使用網頁的方式轉語音，等待時間會較長且中間若有內容要修正，也比較不好處理。

5-3-4 音訊剪輯

　　錄製完成的音訊有時需要些微的修正內容，而音訊的剪輯方式與視訊相同。

STEP 01 使用 ✂️ ＜分割＞將音訊裡不需要的片段分割。

STEP 02 點選不需要之片段，點選 🗑 後選取〔移除、填滿所有空系和移動所有片段〕。

STEP 03 點選軌道前 🔒，鎖定軌道。

 小技巧

確定好的音訊內容，為了確保後續編輯不會再動到，可以將音訊軌鎖定。

小技巧

先將口白的音訊內容製作好，再加上畫面的部分是製作懶人包視訊很重要的技巧。

 知識庫

若要讓音訊檔案靜音，則在音訊片段（或視訊片段）上按右鍵點選〔片段靜音〕。

5-3-5　平衡音量

分段錄製的音訊檔，音量容易高低不一，而在威力導演中，可以使用平衡音量的功能，將多段音訊的音量調整相同，是大量音訊處理時很實用的技巧。

STEP 01 選取數個需平衡音量之音訊按右鍵選取〔音訊正常化〕。

⚠ **注意事項**

需先將多段音訊放在同一個軌道中後再全部選取，才可以使用音訊正常化的功能。

STEP 02 兩段音訊檔案已被設定音量水平為相同。

 補充說明

音訊正常化會先將音訊都調整 50% 的音量（原本高的會降低，原本低的會拉高），再利用混音工房一起將音量再調高。

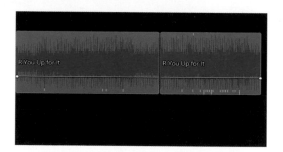

STEP 03 切換至  ＜音訊混音工房＞。

STEP 04 拖曳節點向右調整音量，此時可看到兩段音訊音量同步變化。

5-3-6 音訊閃避

製作影片過程中通常會搭配背景音樂，但如果影片本身就有口白，難免會讓背景音樂與影片聲音混合，分不清誰才是主要的音量，一般是使用上一節所提到的音量節點來控制，使用音量節點雖然可以很彈性地調整降低的幅度，但是需要花很多時間來操作。若只要很單純的，當有口白時，背景音樂變小聲，可以使用〔音訊閃避〕功能，就可以不使用音量節點控制音量大小，而是由威力導演自動判斷是否有口白，有口白的位置則自動降低背景音樂。

選擇要調整的音樂檔，設定閃避參數，威力導演會自動幫您分析其他音軌是否有口白。遇到口白時，威力導演會主動降低所要調整的音樂檔音量，即不需再辛苦地找出要調整音量的範圍。

STEP 01 點選需要閃避的音訊檔。

STEP 03 顯示符合關鍵字的音效，可先試聽後再決定是否下載。

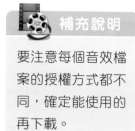
STEP 04 點選要下載的音效檔，按下〔Login to download〕。

STEP 05 輸入帳號及密碼。

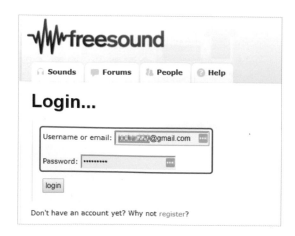

補充說明

記得要先註冊免費的帳號及密碼。

STEP 06 按下〔Download〕。

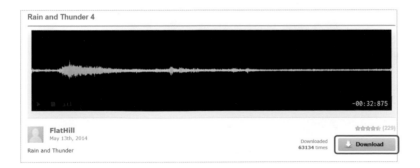

STEP 07 按下〔存檔〕。

再將下載的音效檔案匯入至威力導演的媒體工房中，只要拉曳至時間軸中的音訊軌，即可與圖片同時顯示。

5-4 │ 製作懶人包影音內容

口白音訊、音效及圖片材料備齊後，再來就要開始加工成為視訊專案。

先將所需素材準備在同一個資料夾中，再匯入至威力導演中。

5-4-1 底圖

放置一個圖片作為整個視訊的底圖，再放入說明圖片時，才不會背景只有黑色的。

STEP 01 匯入素材。

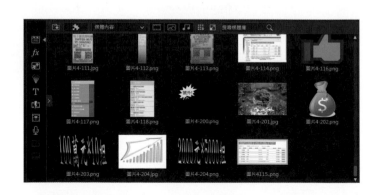

STEP 02 將背景底圖素
材拖曳放置於
剪輯軌1。

STEP 03 游標放置於下方音訊軌上，顯示時間長度
00:05:00:15。

STEP 04 點選背景圖，點選 ⊙ <時間長度>，輸入
時間長度為 00:05:00:15 再按下〔確定〕。

STEP 05 背景底圖時間長度與口白音訊一致。

 小技巧

建議將底圖及音訊檔案的剪輯軌鎖定，才不會在後續製作時更動到。

5-4-2 字幕

STEP 01 切換至  ＜字幕工房＞。

STEP 02 將時間軸停在口白開始位置，按下 ＋，並在上方口白文字區快按二下。

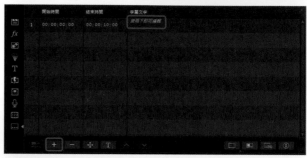

STEP 03 輸入口白文字。

補充說明

輸入完畢後，不需按 Enter，在字幕外點按一次即可。

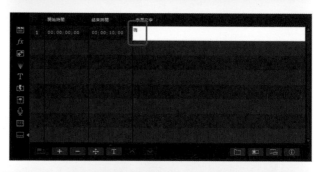

STEP 04 輸入後的字幕，於軌道上以藍色片段顯示。

STEP 05 拖拉時間軸至下一句口白開始位置，按下 **+**，繼續輸入字幕。

STEP 06 重複以上動作，將所需字幕輸入。

 補充說明

按下 **—** 即可刪除口白文字。

STEP 07 輸入完畢後，點選 **T** 更改文字樣式。

STEP 08 開啟字元功能窗格更改〔字型、樣式、大小〕等再點選〔全部套用〕。

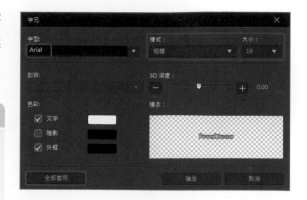

補充說明

〔全部套用〕將更改的設定套用至全部的字幕，點選〔確定〕只更改當下選取的一個字幕。

STEP 09 預覽畫面觀看修改結果。

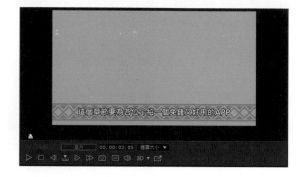

5-4-3 匯出及匯入字幕

對應完成的字幕內容可以匯出成 SRT 檔案（即字幕檔）備份，當下次要重複使用時，就不用再重新對應一次。

STEP 01 點選 匯出字幕檔。

STEP 02 選擇位置按下〔存檔〕。

 知識庫

匯出之字幕檔為 .srt 的純文字檔，可使用記事本開啟或修改編輯。

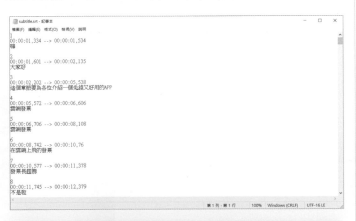

下次再按下 📁，可將修改過之字幕檔重新匯入。

5-4-4 格線

在預覽視窗中開啟格線功能，可以在放置圖片時對齊位置之用。

STEP 01 切換 ▦ 至〔媒體工房〕，將第一個素材拖曳放至剪輯軌 2，時間長度為 12 秒。

STEP 02 點選開啟 ▦ ＜設定預覽品質／顯示選項＞。

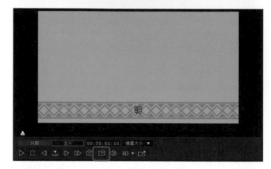

STEP 03 點選〔格線＞5X5〕。

STEP 04 藉由格線的輔助，將素材對齊放置中間。

5-4-5　淡入及淡出

圖片顯示時，可以加上淡入及淡出效果，達到柔和的特效。

STEP 01 點選素材後快按二下進入子母畫面設計師再開啟〔物件設定〕。

STEP 02 時間線移至開頭處，不透明度調整至〔0%〕。

　知識庫

在此要製作圖片淡入的效果，所以不透明度一開始為 0%，表示透明之意。

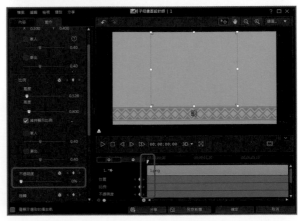

STEP 03 按下 █ ＜新增關鍵畫格＞。

補充說明

關鍵畫格－可設定物件
在不同時間點的參數變化。

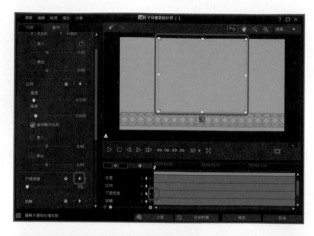

STEP 04 時間線移至 00:00:00:06
格位置，將不透明度調
整至〔100%〕。

知識庫

在 6 格處要讓畫面顯示，
所以不透明度為 100%，除
了第一個關鍵畫格要自己
增加之外，其餘的只要參
數有改變，就會自動增加
新的關鍵畫格。

STEP 05 時間軸移至 00:00:11:25
處，按下 █ 設定關鍵畫
格。

知識庫

從 00:00:00:06 到 00:00:11:25 處都是圖片的不透明度為 100%，而從 00:00:11:25 後要開始淡出，所以必須在 00:00:11:25 處加一個關鍵畫格，讓此時間後的畫面才會淡出，前面的部分都不被影響。

STEP 06 時間軸拖曳至最尾端，將不透明度調至〔0%〕，按下〔確定〕。

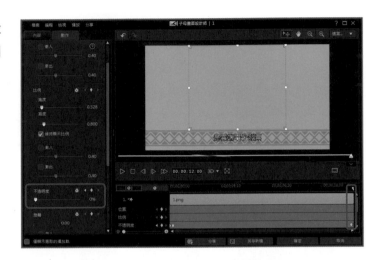

 補充說明

在時間軸上的圖片視訊軌中，就可以看到有線段的變化，此線段即為不透明度之意，線段越上方，則圖片為顯示（不透明度為 100%），線段越下方則為透明（不透明度為 0%）。

5-4-6 移動路徑

除了淡入及淡出常應用在圖片中之外，也很常看到圖片的移動路徑，在此示範利用子母畫面設計師來製作物件的移動路徑（視訊也是相同的作法）。

STEP 01 拖曳素材至剪輯軌 3，接續上面素材之後出現。

STEP 02 移動素材對齊至畫面中央。

STEP 03 在素材上快按左鍵二下，開啟子母畫面設計師，再點開〔物件設定〕。

STEP 04 時間線位於開頭處，在位置軌道上按下 ◆ 新增關鍵畫格。

STEP 05 將素材拖移至畫面外。

STEP 06 將時間線往右拖曳少許位置。

STEP 07 將素材往右移動回中間，軌道上自動產生關鍵畫格。

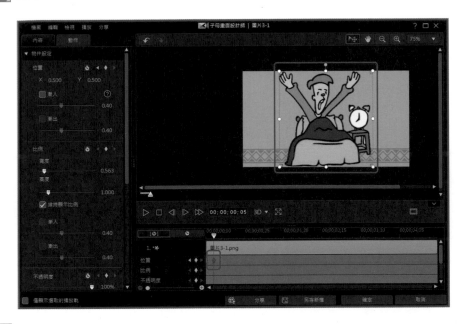

STEP 08 將時間線往右移動按下 🔘 新增關鍵畫格。

STEP
09
將時間線往右移至最尾端後，將素材往右移至畫面外。

 補充說明

子母畫面中可以為物件設定不同的操作功能，例如尺寸，位置、旋轉等，所以要變更哪個功能，關鍵畫格就要放在哪個軌道中。

STEP
10
按下〔確定〕。

STEP 11 完成移動路徑效果。

STEP 12 按住 CTRL 鍵向左拖曳，可減少圖片時間並讓移動
路徑的特效等比縮放。

> ⚠️ **注意事項**
>
> 若不使用 **Ctrl** 的方式調整，直接拖曳長度則是只有剪裁，原本的移動路徑就會被裁
> 斷而不會完成顯示。

STEP 13 其餘的依照上述步驟完成。

STEP
14 完成。

　　本範例主要以圖片為主，還可以依照所需要的主題增加視訊部分，讓整個懶人包聲光效果皆備。

基礎練習 CCA CCP

1. ( ) 可將音訊分為兩段為何種功能？

    A. 分割　　　　　　　　　　B. 修剪

    C. 多 機剪輯設計師　　　　　D. 剪下

2. ( ) 可將單段音訊設成靜音的方式為，在音訊上按右鍵點選？

    A. 音訊正常化　　　　　　　B. 片段靜音

    C. 靜音　　　　　　　　　　D. 全 部靜音

3. ( ) 匯入的口白文字檔案格式只支援？

    A. ppts　　　　　　　　　　B. docs

    C. xlsx　　　　　　　　　　D. txt

4. ( ) 匯出的口白文字檔案格式只支援？

    A. srt　　　　　　　　　　　B. docs

    C. xlsx　　　　　　　　　　D. txt

5. ( ) 口白文字在威力導演中要使用哪個功能才能製作？

    A. 分割　　　　　　　　　　B. 特效

    C. 文字　　　　　　　　　　D. 字幕

進階練習 CCP

1. ( ) 何種分離音訊的方法為在剪輯軌中將視訊及音訊分離，即可將音訊或視訊進行個別替換？

    A. 取消連結視訊與音訊　　　B. 提取音訊

    C. 自動節拍偵測　　　　　　D. 平衡音量

2. (　) 開啟 - 範例資料夾 exam 中「effect.pds」檔案，修改特效，將寬度及高度都改成「50」，所完成的畫面為何？

A.

B.

C.

D.

3. (　) 此圖中總共有幾個關鍵畫格？

A. 4　B. 5　C. 2　D. 3

4. ( ) 想要讓單段影片中的音訊靜音，在時間軸中點選音訊後按右鍵再使用下列何者功能？
   A. 還原成原始音量　　　　　　B. 移除音訊
   C. 平衡音量　　　　　　　　　D. 片段靜音

5. ( ) 若要設定特效在不同時間點的變化，則要使用
   A. 關鍵畫格（key frame）　　　B. 威力工具
   C. Magic Motion　　　　　　　D. 特效工房 功能

6. ( ) 想要快速將視訊中的音訊單獨儲存成音訊檔案，使用何種方式是最快速且簡便的方式？
   A. 節拍偵測　　　　　　　　　B. 混音
   C. 調整音訊大小　　　　　　　D. 提取音訊

7. ( ) 開啟 - 範例資料夾 exam 中「music.pds」檔案，刪除影片中的第 2 個音訊節點，完成畫面為下列何者？

   A. 　　　　　B.

   C. 　　　　　D.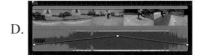

8. 請在空白處繪製出此段音訊之淡入及淡出的線段變化。

chapter

6

微電影微什麼 - 鏡頭語言

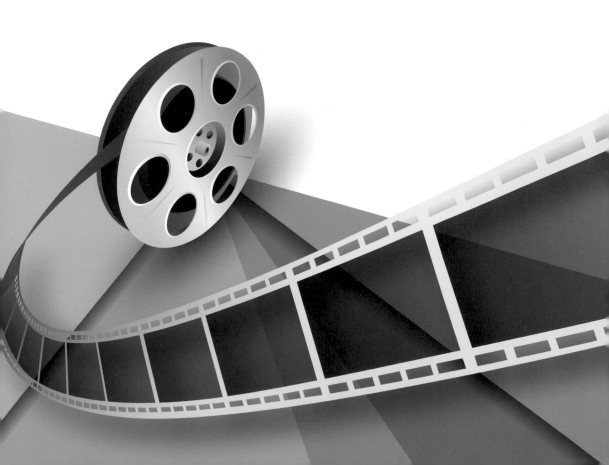

因應拍攝設備的普及易入手，導致微電影議題相當的流行，只要使用手機都可以自行拍攝微電影，是相當便捷的宣傳方式，本章將介紹拍攝微電影的鏡頭語言部分，包括前期規劃、腳本安排、鏡頭呈現等技巧。

本章範例為臺南市政府財政稅務局執導拍攝的〔戀愛的距離〕，教學內容以此微電影中的部分橋段來說明剪輯及後製技巧，想要觀賞整部微電影，請至 https://www.youtube.com/watch?v=rdkpXXtbVMM，或是透過搜尋〔臺南市政府財政稅務局〕都可以快速找到。

也可以訂閱臺南市政府財政稅務局的 YouTube 頻道，可以觀賞到更多很棒的作品。

6-1 前期規劃

6-1-1 什麼是微電影？

　　微電影（英語：Micro Movie 或 Micro Film）發展於 2007 年，主要是指時間較短但製作方式與電影相似的行銷作品。主要以公益推廣、形象宣傳、商業訂製、個人創意等為目的。目前被廣泛的使用在行銷推廣上。

　　因微電影的推廣大多發布於媒體平台（如 YouTube 或 FB 等），適合在移動狀態或短時間休憩下觀看，並且要有完整的故事情節的特性，所以在前期的規劃要與電影相同的流程及步驟，但是規格可以縮小些。

▶ 微電影製作流程

　　微電影的製作流程有前期構思、拍攝作業、後製剪輯及作品分享

6-1-2 前期作業

　　首先要先思考微電影的主題為何，也就是故事從哪來？

　　思考完成後再將故事情節寫成劇本（或直接寫成腳本），盡量濃縮內容在十分鐘內能表達完成的故事，故事中發生的時間也要以一段時間為主。

劇本像是小說一樣為故事內容，若以微電影而言，因時間較短，也可直接寫成腳本，腳本則是拍攝時所需要的文件，可以了解到鏡頭要怎麼取，演員要怎麼演及口白等等。

以下是下一節要剪輯內容的腳本表：

場景	呈現內容	口白文字	畫面文字	特殊效果	鏡頭
1	房間的床上		叮　咚！　叮　咚！ 叮　咚！　叮　咚！ 叮咚！叮咚！	手機鬧鐘響	
2	房間的床上			男主角伸手拿手機 從床上坐起來	拍攝背面 ＜不露臉＞
3	到便利商店買飲料（付錢，找零錢＋發票，直接塞進口袋）	店員：歡迎光臨！	歡迎光臨！	叮咚！（便利商店門鈴聲） 櫃枱放份報紙	甭拍場景，僅手部付、找＋發票時的鏡頭 ＜不露臉＞
4	走在路邊	＜男主角口白＞ 男：我叫洪宗豪25歲 男：人家說畢業就是失業，畢業當年就去當兵，現我退伍快1年了，目前待業中 男：7年級是社會上被嘲笑批評的草莓族，我不是不工作，只是都不符合我的興趣。	我叫洪宗豪25歲 人家說畢業就是失業 畢業當年就去當兵 現我退伍快1年了 目前待業中 7年級是社會上被嘲笑批評的草莓族 我不是不工作，只是都不符合我的興趣。	汽機車喇叭聲 手拎著報紙	由鞋子為中心，慢慢將畫面縮小，停在下半身 ＜不露臉＞

劇本或腳本撰寫時的注意事項

- 劇情要有頭有尾
- 情節緊湊具節奏感
- 一段時間內發生的事
- 能夠實現拍攝

確定完腳本內容後，就可以開始拍攝作業。

6-1-3　腳本安排

依照上節的腳本表，擬出以下各片段的 in（開始）及 out（結束）點。

編號	檔案名稱	In 點	Out 點	片段總時間
1	MVI_4576.MOV	00:00:08:20	00:00:20:18	00:00:11:28
2	MVI_4531.MOV	00:00:03:19	00:00:05:22	00:00:02:03
3	MVI_4533.MOV	00:00:00:25	00:00:02:15	00:00:01:20
4	MVI_4531.MOV	00:00:07:02	00:00:09:03	00:00: 02:01
5	MVI_4041.MOV	00:00:04:01	00:00:20:25	00:00: 16:24

STEP 01 匯入素材影片。

STEP 02 拖曳〔MVI_4576.MOV〕至剪輯軌 1，並按下 ✂ ＜修剪＞。

STEP 03 於進入位置輸入〔00:00:08:20〕，退出位置輸入〔00:00:20:18〕後按下〔確定〕。

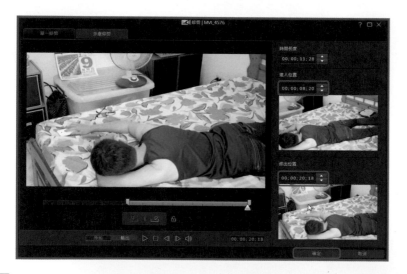

STEP 04 將〔MVI_4531.MOV〕〔MVI_4533.MOV〕〔MVI_4531.MOV〕〔MVI_4041.MOV〕依順序安排至剪輯軌中。

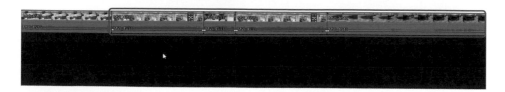

STEP 05 MVI_4531.MOV

進入位置〔00:00:03:19〕。

退出位置〔00:00:05:22〕。

STEP 06 MVI_4533.MOV

進入位置〔00:00:00:25〕。

退出位置〔00:00:02:15〕。

STEP 07 MVI_4531.MOV

進入位置〔00:00:07:02〕。

退出位置〔00:00:09:03〕。

STEP 08 MVI_4041.MOV

進入位置〔00:00:04:01〕。

退出位置〔00:00:20:25〕。

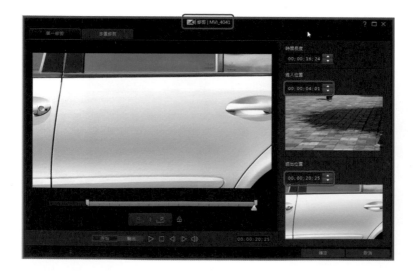

STEP 09 修剪完成。

6-2 微電影後製技巧

本節中介紹數個在微電影中常用的後製技巧。

6-2-1 轉場特效

轉場特效為二個素材或單一素材之間的過場效果，在威力導演中內建了數十種轉場特效樣式。轉場特效在套用時，可以套用在二個素材之間，也可以單個素材個別套用，顛覆了一般轉場特效只能套用在二個素材之間的規則。

▶ 轉場特效工房

　　套用轉場特效有四種方法：前置轉場特效、後置轉場特效、交錯轉場特效及重疊轉場特效。

- ▶ **前置轉場特效**：拖曳轉場特效到前素材的最後處，呈現的效果為前素材與特效重疊之後，才出現後素材；也就是轉場特效只與前素材重疊。

轉場效果重疊在前素材影片中

- ▶ **後置轉場特效**：拖曳轉場特效到後素材的開頭處，呈現的效果為前素材結束之後，特效與後素材的開端重疊；也就是轉場特效只與後素材重疊。

轉場效果重疊在後素材影片中

- ▶ **交錯轉場與重疊轉場**：套用方法是相同的，將轉場特效拖曳至二個素材的中間，在播放時轉場特效會用前素材的內容重疊特效後，再出現後素材重疊特效的內容；也就是說特效會重疊在前後素材的中間。

轉場效果橫跨於前後兩段素材影片間

STEP 01 若要切換交錯轉場與重疊轉場特效，只要在轉場特效中按右鍵點選〔修改轉場特效行為〕。

STEP 02 選擇重疊或是交錯轉場特效。

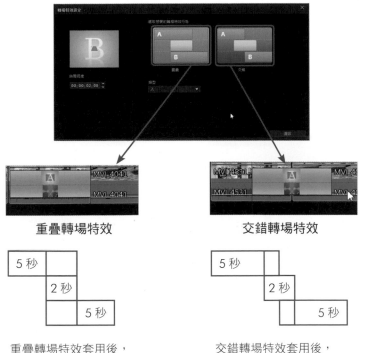

重疊轉場特效　　　　　　　　交錯轉場特效

5 秒		
	2 秒	
		5 秒

重疊轉場特效套用後，
視訊長度變成 5-2+5＝8 秒

5 秒		
	2 秒	
		5 秒

交錯轉場特效套用後，
視訊長度不變仍是 5+5＝10 秒

　　若轉場持效為 2 秒則會佔用前後素材各 2 秒的時間，而交錯轉場特效則各佔一半，對於總時間來說是不影響的。

　　將轉場特效拖曳到二個素材中間後，放開滑鼠左鍵後，轉場特效預設為〔重疊〕轉場特效，轉場特效圖示會跑到前素材的後方。若改成交錯轉場特效後，則轉場特效圖示會跑到二個素材的中間，可以利用轉場特效的位置來判斷所使用的轉場特效類型。

STEP 01 切換 ▓▓<轉場工房>。

STEP 02 上方搜尋列輸入〔淡〕關鍵字。

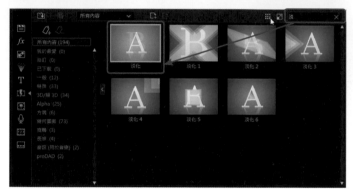

STEP 03 點選〔淡化〕拖曳至時間軸中兩影片素材中間位置後放開，轉場特效即套用於兩素材中間。

STEP 04 二個視訊間會有轉場特效圖示。

STEP 05 其餘片段也套用淡化轉場特效。

STEP 06 在轉場特效圖示上按右鍵點選〔修改轉場特效〕。

STEP 07 選擇〔交錯〕，按下 ☒ 關閉視窗。

> ⚠️ **注意事項**
>
> 使用重疊轉場特效會讓視訊長度變短，所以建議改
> 成〔交錯〕。
>
>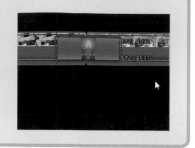

STEP 08 轉場特效設定完成。

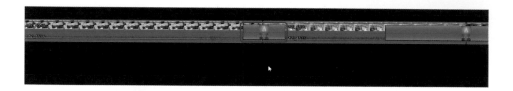

> ⚠️ **注意事項**
>
> 上述步驟輸入了關鍵字，下次再進到轉場特效工房時，仍只會顯示淡化，因此需按下 ☒ 清除關鍵字。
>
>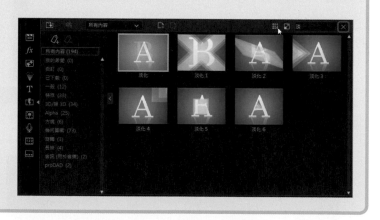

6-2-2 馬賽克特效（關鍵畫格）

　　馬賽克效果是在微電影中最常出現的特效，例如拍到的車牌不能顯示，住址或電話號碼也不可以等等，所以還是要在視訊中將這些較個人的資訊遮住，就會需要用到馬賽克效果。

▶ 套用馬賽克特效

STEP 01 切換至 _fx_ ＜特效工房＞。

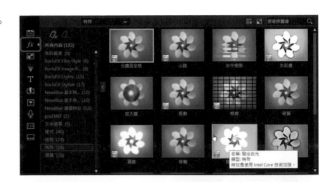

STEP 02 上方搜尋輸入〔馬〕關鍵字，搜尋出〔馬賽克〕特效。

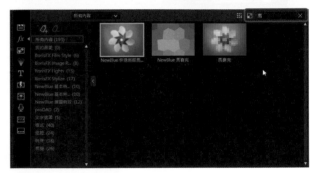

STEP 03 將〔馬賽克〕特效拖曳放置 fx 特效軌上，對應至需要套用馬賽克位置。

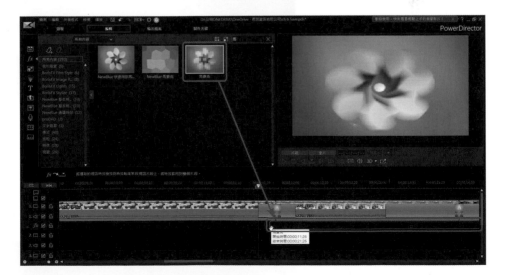

STEP 02 調整遮罩位置後點選〔確定〕。

STEP 03 時間線移至 00:00:01:08 處點選〔遮罩〕。

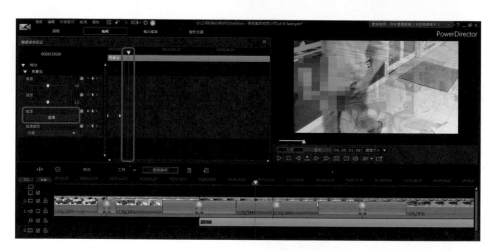

STEP 04 調整馬賽克位置後點選〔確定〕。

STEP 05 時間線移至 00:00:01:13 處按下〔遮罩〕。

STEP 06 調整馬賽克位置後點選〔確定〕。

STEP 07 每次移動時間線修改遮罩位置都自動產生關鍵畫格。

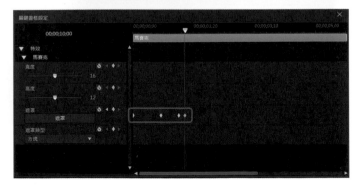

STEP 03 進入動態追蹤窗格，畫面中央出現一選取方塊，縮放移動至需追蹤覆蓋之車牌區域。

▶ 開始追蹤物體的移動路徑

STEP 01 從 0:00:04:17 處才出現車牌，所以將時間線移至此處，調整追蹤區域覆蓋車牌後按下 ⊕ 追蹤 。

STEP 02 一旦按下追蹤後，除非停下否則無法更改面積，所以如需要準確覆蓋車牌，需要多次修改範圍後再重新追蹤。

STEP 03 追蹤過程中，主角因行進擋住了車牌，因此再次按下〔追蹤〕使其停止，將追蹤區域移動回原本車牌位置，再次按下〔追蹤〕繼續追蹤。

⚠️ **注意事項**

追蹤的原理是追蹤偵測區域的顏色，當背景跟偵測區域差異很大時就可追蹤正確，但如果有近似的背景或是因為行走擺動交錯就有可能導致追蹤區域跑錯。

▶ 修剪視訊

STEP 01 拖曳〔MVI_4614.MOV〕至剪輯軌中點選 ✂ 。

STEP 02 修剪視訊為進入位置〔00:00:02:05〕，退出位置〔00:00:07:04〕再按下〔確定〕。

STEP 03 點選視訊後按下〔工具 > 威力工具 > 裁切 / 縮放 / 平移〕。

STEP 04 進入裁切／縮放功能畫面。

▶ 設定視訊顯示畫面

　　畫面一開始全部顯示，到中間時間處鏡頭要拉近至三位演員，讓結帳的動作可以更加清楚。

STEP 08 點選左側〔遮罩屬性〕中的圓型,視訊中間清晰,外圍模糊的效果。

STEP 09 調整白色控點可改變遮罩尺寸,移動外框可改變遮罩位置。

> ⚠️ **注意事項**
>
> 如果覺得邊緣線條太明顯,可於遮罩屬性中加大羽化屬性。

6-3-3 選擇性對焦(關鍵畫格)

　　以上的調整方式只能針對單一個畫面,但視訊會移動,一旦移動了後,位置就不一定適切,所以還是要再搭配關鍵畫格,隨著畫面的內容調整位置。

STEP 01 點選軌道 2 的視訊，再點選〔設計師 > 遮罩設計師〕。

STEP 02 將時間線移至 00:00:02:07 處。

STEP 03 按下位置軌道中的 ◇，增加新的關鍵畫格。

STEP 03 點選剪輯軌 2 的視訊，將時間線移至視訊片段的〔00:00:21:02〕按下 分割影片。

小技巧

先點選視訊，預覽視窗以片段模式輸入〔00:00:21:02〕就可以移至此片段指定的位置，再分割影片。

STEP 04 點選前面影片片段，按下 <垃圾桶>刪除。

STEP 05 點選〔移除並填滿空隙〕，將〔MVI_4608.MOV〕前方片段刪除。

 補充說明

移除並保留空隙－移除後，後方片段不移動在原地。

移除並填滿空隙－移除後，後面片段往左移動填滿位置。

移除、填滿空隙和移動所有片段－移除後，後面所有軌道片段往左一起移動。

STEP 06 將時間線移至剪輯軌 1 的最後，再對剪輯軌 2 按下後點選〔分割〕。

STEP 07 按下 🗑<垃圾桶>，將多餘的片段移除。

STEP 08 兩個影片片段等長並對齊。

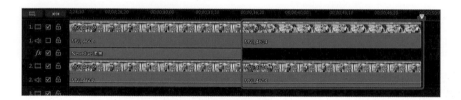

▶ 子母畫面重疊視訊

STEP 01 點選剪輯軌 2 的影片，點選〔設計師 > 遮罩設計師〕。

STEP 02 選取對話框遮罩再按下〔確定〕。

STEP 03 完成對話框外形影片。

STEP 04 將影片縮小放置至畫面上角色旁。

STEP 05 點選〔設計師 > 子母畫面設計師〕。

STEP 06 勾選〔外框〕，大小為〔1〕。

STEP 07 勾選〔陰影〕，模糊為〔20〕再按下〔確定〕。

STEP 08 切換至〔特效工房〕，點選〔所有內容〕，再於上方搜尋列輸入〔復古〕。

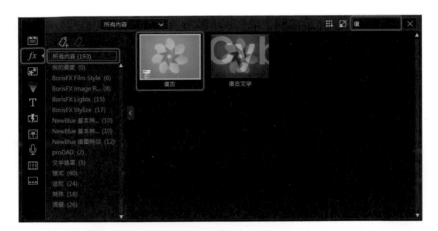

STEP 09 拖曳〔復古〕特效至剪輯軌 2 影片上。

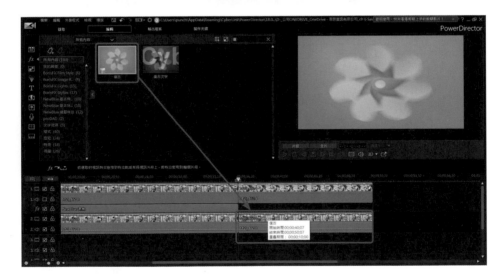

基礎練習 CCA CCP

1. (　) 套用轉場特效有哪幾種方法？(複選)
　　　A. 前置轉場特效　　　　　　　B. 後置轉場特效
　　　C. 交錯轉場特效　　　　　　　D. 重疊轉場特效

2. (　) 請問剪輯軌中套用了幾個轉場特效？

　　　A. 2　B. 4　C. 6　D. 8

3. (　) 可以控制視訊或圖片在一段時間中特效的參數變化之功能為何？
　　　A. 視訊裁切　　　　　　　　　B. 圖片裁切
　　　C. 關鍵畫格　　　　　　　　　D. 特效

4. (　) 可以裁切視訊或圖片的外框為不同形狀之功能為何？
　　　A. 多機剪輯設計師　　　　　　B. 遮罩設計師
　　　C. 繪圖設計師　　　　　　　　D. 文字設計師

5. (　) 可以設定視訊中不同時間的鏡頭畫面之功能為何？
　　　A. 視訊裁切　　　　　　　　　B. 圖片裁切
　　　C. 關鍵畫格　　　　　　　　　D. 特效

6. (　) 特效樣式套用的方式何者為正確？(複選)
　　　A. 可套用在影片上　　　　　　B. 可拖曳至特效軌中
　　　C. 可拖曳至音訊上　　　　　　D. 可套用在照片上
　　　E. 特效軌中同一時間點可放多個特效
　　　F 一個影片只能套用一個特效

7. (　) 如圖所示，此素材在輸出成影片預覽時
　　　總共套用了幾個特效？

　　　A. 1　B. 2　C. 3　D. 4

8. 請問畫面中的特效排列順序何者正確？(浮雕及枴杖糖)(以未反轉時間軸剪輯軌順序為主)？

進階練習 CCP

1. (　) 開一新專案後匯入照片資料夾中的素材，將所有照片套用隨機轉場特效〔交錯轉場特效〕，再查看影片總時數為何？

    A. 20 秒　　　　　　　　　　　B. 40 秒

    C. 50 秒　　　　　　　　　　　D. 30 秒

2. (　) 前後素材皆會重疊特效內容，並且佔用前後素材與特效相同的時間為何方式的轉場特效？

    A. 後置轉場特效　　　　　　　　B. 前置轉場特效

    C. 交錯轉場特效　　　　　　　　D. 重疊轉場特效

3. (　) 能準確地偵測人物或物體移動路徑，並加上文字、影像和特效為哪一個功能？

    A. 運動攝影工房　　　　　　　　B. 章節

    C. 創意主題設計師　　　　　　　D. 動態追蹤

4. (　) 開啟 - 範例資料夾 exam 中「multi.pds」檔案，「P01.jpg」照片共套用了哪些特效？

    A. 毛玻璃　　　　　　　　　　　B. 波浪

    C. 浮雕　　　　　　　　　　　　D. 柔集

5. （　）視訊可以使用何種功能，設定視訊的顯示區域及移動效果？

    A. 圖片設定　　　　　　　　　　B. 視訊編輯

    C. 視訊裁切　　　　　　　　　　D. 影像編輯

6. （　）開一新專案後匯入照片資料夾中的素材，將所有照片套用「淡化」重疊轉場特效，再查看影片總時數為何？

    A. 17 秒　　　　　　　　　　　　B. 10 秒

    C. 15 秒　　　　　　　　　　　　D. 25 秒

7. （　）使用「P01.jpg」為素材，置入特效為「水中倒影」及「放大鏡」，所完成的畫面為何？

A. 　　　　　　B.

C.　　　　　　D.

8. （　）轉場特效套用方式的種類有哪些？

    【本題為複選題，請選 4 個答案】

    A. 前置轉場特效　　　　　　　　B. 後置轉場特效

    C. 交錯轉場特效　　　　　　　　D. 重疊轉場特效

    E. 文字轉場特效　　　　　　　　F. 炫粒物件轉場特效 四種方法

微電影微什麼 - 混合色調

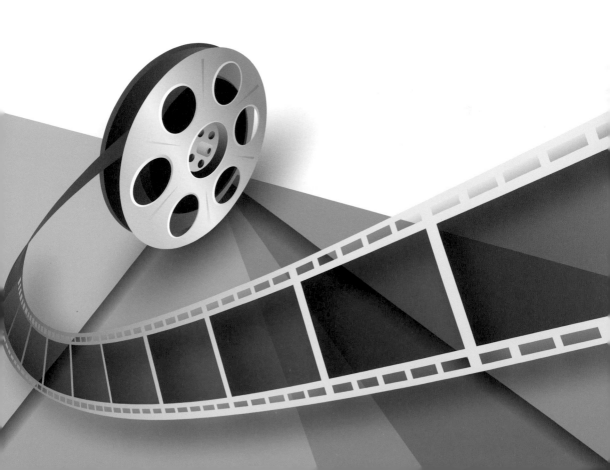

微電影除了要注重上一章所提到的鏡頭語言（運鏡）以及劇情結構之外，另外一個重要的議題就是視訊色調及特效，每部微電影拍攝完成的母帶，都不是像上映時所看到的色調，幾乎都是經由後製處理過的，尤其是人物，適時修改視訊色調，可以營造出唯美的效果，甚至再加上一些混合色調，就算是簡單的小故事，也可以看起來像是有質感的電影。

7-1 | 基本色彩應用

在威力導演針對色調調整提供了三種基本的調色方式：

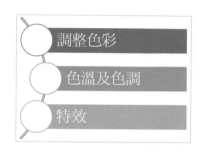

以下就以書附光碟中的素材進行示範。

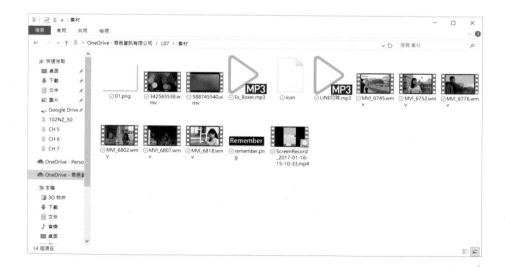

7-1-1 調整色彩

在威力導演中的修補／加強功能中，可以找到調整色彩的參數設定面板，依照所需要的數值來調整。

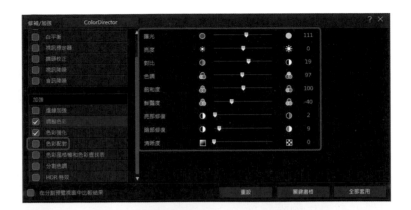

以下練習將使用 MVI_6752 影片，將女主角偏紅的膚色調整為較明亮的膚色。

調整前　　調整後

STEP 01 點選需調整視訊，點選 修補/加強 。

STEP 02 勾選〔色彩強化〕，調整數值〔44〕。

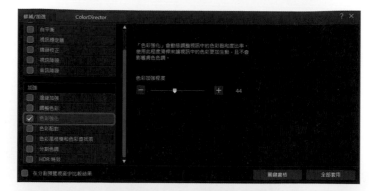

STEP 03 勾選〔調整色彩〕
曝光〔111〕
對比〔19〕
色調〔97〕
鮮豔度〔-40〕
亮度修復〔2〕
暗部修復〔9〕
點擊右上 ⊠，關閉。

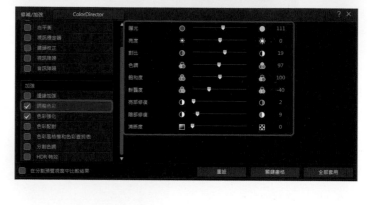

STEP 04 調整完成。

利用調整色彩的方式比較具有高難度，必須憑感覺來調色，比較適合於進階使用者。

7-1-2 色溫及色調

色溫及色調功能在威力導演中的〔修補／加強〕中，要勾選〔白平衡〕就可以看到。

▶ 色溫

是一種對光線顏色的度量方式，其單位是「Kelvin」（K），白天的陽光或日光燈、有著比較高的色溫（偏藍，5500K 以上），而一般室內光線、鎢絲燈泡則是比較低的色溫（偏紅，5500K 以下），蠟燭的光線只有 1000K，日出日落大約是 2000K。

▶ 色調

使用兩種顏色，綠色和洋紅色（威力導演顯示為偏紅紫色）作為互補調整。類似濾鏡效果，如果畫面偏紅，則調低色調值，畫面增加綠色來調整。如果畫面偏綠，則提高色調值，使畫面增加洋紅色。

因此在調整畫面色彩時，需兩者結合使用，消除畫面偏色，達到白平衡，進而控制場景色彩，符合劇情需求。

STEP 02 拖曳〔New Blue色調〕
至 fx 特效軌上，點選〔修
改〕調整特效內容。

STEP 03 開啟特效設定窗格時，同
時會跳出 New Blue 註冊
資訊。

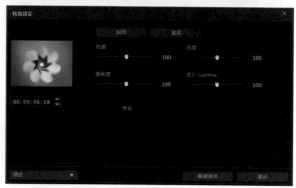

STEP 04 在 New Blue 註冊頁面，
填入相關資訊註冊，點選
〔Next〕。

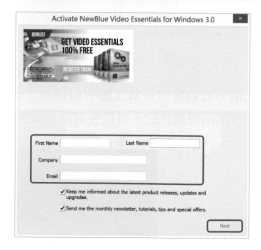

STEP 05 註冊資訊將寄到信箱再點
選〔OK〕。

STEP
06 調整色調〔46〕、亮度
〔106〕飽和度〔82〕、
底片〔105〕。

STEP
07 在右邊視窗預覽調整
後結果。

STEP
08 點選〔色彩〕。

STEP **09** 選擇〔藍色〕後再按下〔確定〕。

補充說明

可以選擇任何喜歡的顏色。

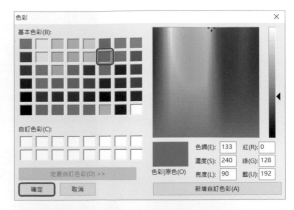

STEP **10** 按下 ✕ 關閉視窗。

STEP **11** 調整後畫面呈現偏黃復古色。

知識庫

因藍色的互補色為黃色，加上藍色是為補正畫面偏藍，而呈現偏黃，如果覺得畫面過黃，可選擇較淺之藍色。

STEP 12 調整特效片段符合需調整之視訊。

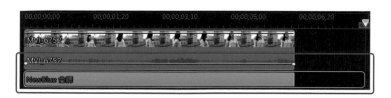

7-2 │ 進階色調調整 - ColorDirector

　　使用威力導演內建的調色工具還是無法將微電影色調調整的更加完善，所以建議另外使用 ColorDirector，可以針對更加細微的區域或色彩進行更細緻的調整，以下介紹如何使用 ColorDirector 來調整視訊色調。

7-2-1　下載及安裝 ColorDirector

STEP 01 開啟瀏覽器，輸入網址〔tw.cyberlink.com〕。

STEP 02 點選〔下載服務 > 試用版下載〕。

STEP 03 找到〔ColorDirector〕。

STEP 04 點選〔立即下載〕。

STEP 05 當使用 IE/Edge，會開啟〔儲存〕選項。

STEP 06 點選〔另存新檔〕。

STEP 07 選擇存檔位置後按下〔存檔〕。

STEP 08 快按二下執行安裝檔案，並依照步驟進行安裝。

CyberLink_Color
Director_Downl
oader.exe

7-2-2 視訊色彩調整步驟

　　想要更細微的修正視訊色調，可以依照下方所擬定的流程來思考每一步驟要調整的內容為何，方便修正色調時有個準則可以依循。

▶ 視訊色彩調整步驟

1.決定視訊色彩風格
- 文青藍、溫暖亮黃、科技對比色調...等

2.調整色溫
- 偏藍、偏橘、藍紫、復古黃...等

3. 畫面色彩
- 環境與植物色彩調整

4.修正膚色
- 偏白、紅潤、復古黃...等（也修正調整畫面色彩後膚色不自然）

5.其他
- 置換其他物件色彩等...使畫面色彩統一、單純

以下利用素材資料夾的 MVI_6776 來練習使用 ColorDirector 修正色彩。

▶ 修正前

▶ 修正後

▶ 使用 ColorDirector 調整視訊色彩

STEP 01 點選視訊後按下〔修補 / 加強〕。

STEP 02 按下 ColorDirector 。

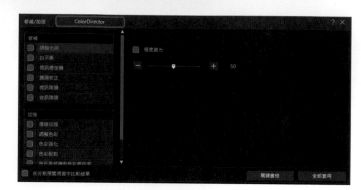

STEP 03 按下〔是〕。

 補充說明

按下 ColorDirector 按鈕後會將所選取的視訊檔帶至 ColorDirector 中，而威力導演會暫時隱藏，只留下 ColorDirector 編輯視窗，當編輯完畢後可以再返回威力導演中。

STEP 04 啟動 ColorDirctor。

STEP 05 視訊會被帶入至 ColorDirctor 中。

　　編輯完成的視訊檔案返回至威力導演中時，雖然在時間軸中已是套用色調的結果，但是對於原視訊而言，是不會被更動的，所以可以放心的在 ColorDirctor 編輯。

▶ 步驟 1. 決定視訊色彩風格

　　先決定中整部電影是以文青藍、溫暖亮黃、科技對比色調…等作為色彩主軸。

▶ 步驟 2. 調整色溫及色調

　　確定視訊的色溫及色調為偏藍、偏橘、藍紫、復古黃…等顏色。

調整白平衡，色溫值〔8〕、色調值〔-29〕。

 小技巧

點擊  可開啟雙窗格，比較調整前後的差別。

▶ 步驟 3. 畫面色彩

調整環境與植物的色彩。

STEP 01 調整色調，曝光值〔0.17〕、對比值〔-55〕。

補充說明

曝光增加－加亮畫面亮度。

對比降低－減少因對比使畫面陰影過黑。

STEP 02 調整色調項目
　　最亮部〔-50〕
　　亮部〔-9〕
　　中間色調〔36〕
　　暗部〔56〕
　　最暗部〔56〕

STEP 03 調整染色項目
清晰度〔-51〕
鮮豔度〔-34〕
飽和度〔0〕

STEP 04 點擊上方 ，可關閉雙窗格預覽。在色相項目中點選 🔀。

🎬 **補充說明**

接下來要使用色相的 🔀 調整工具，可以在畫面中直接選取要修正的顏色區域，但此功能不能在雙預覽視窗中使用，所以要設定回單一視窗。

STEP 05 將圖示放置於襯衫上，點擊常按襯衫位置後，上下滑動，可看見相關顏色
數值滑動。

STEP 06 將圖示拖曳放置於圍巾紅色區域上，按住並上下滑動調整。

STEP 07 在畫面左側上可看見剛滑動〔色相〕調整後的數值。

紅色〔30〕、橙色〔-23〕、黃色〔-27〕、綠色〔-60〕、水綠色〔0〕、
藍色〔-21〕、紫色〔-10〕、洋紅色〔2〕

STEP 08 調整〔飽和度〕數值

紅色〔-5〕、橙色〔-31〕、黃色〔-33〕、綠色〔0〕、水綠色〔33〕、
藍色〔-7〕、紫色〔0〕、洋紅色〔2〕

▶ 步驟 4. 修正膚色

修正男女主角膚色，可以設定成偏白、紅潤、復古黃…等效果。

STEP 01 勾選〔明度〕，使用拖曳工具調整男主角臉部陰影。

STEP 02 調整〔明度〕數值如下：

紅色〔54〕、橙色〔34〕、黃色〔7〕、綠色〔0〕、水綠色〔-34〕、

藍色〔-13〕、紫色〔38〕、洋紅色〔20〕

STEP
03 勾選使用〔分割色調〕將畫面顏色做最後的調和混色。可調整色相在亮部
與暗部,加入所需混色色彩。

▶ 步驟 5. 其他

置換其他物件色彩…等,使畫面色彩統一單純。

STEP
01 調整暗部
色相〔271〕、飽和度〔10〕

補充說明

在暗部加入飽和度 10 的藍色，使樹林陰影統一呈現藍色調。

STEP 02 調整亮部

色相〔60〕、飽和度〔8〕

 補充說明

在亮部加入飽和度〔8〕的橙色，使膚色與亮部較明亮溫暖。

STEP 03 比較調整前後的差異。

STEP 04 點擊上方 返回 。

STEP 05 回到威力導演操作畫面。

7-2-3 色彩配對

拍攝時難免會遇到室外跟室內兩種環境光線差距很大，或是在不同房間配置有不同的光源呈現，如何讓拍出的照片跟影片有一致的色彩風格？

　　除了前面提到可在威力導演修改照片跟影片的色彩屬性外，也可以直接利用〔色彩配對〕讓威力導演幫你直接分析來源的色彩屬性後，套用到目標照片或是影片上，還可以決定套用的百分比程度。

STEP 01 選擇兩個要配對的素材。

STEP 02 點選〔修補 / 加強〕中的〔色彩配對〕按鈕。

STEP 03 點擊〔配色〕。

> ⚠️ **注意事項**
> 如想對調參考片段跟目標片段，可點擊上方按鈕 。

STEP 04 左側〔色階〕滑桿可改變套用的百分比程度。

 補充說明

參考片段為要保留（樣本）的色調；目標片段則為要修改的色調。

7-3 | 快速套用色調

7-2 的套用方式大多為自行調整數值的修正方式，對於初學者而言其實還是有些許的難度，所以在本節中介紹快速套用色調的方式，若對於色調調整無從下手的同學，是一個很方便且快速實用的方法。

7-3-1 ColorDirector 風格檔

在 _ColorDirector 中內建風格檔（也就是所謂的色彩範本），只要在風格檔上點一下即可快速套用此風格檔的色彩設定值至視訊中，ColorDirector 內建了數十種風格檔，如果不敷使用都還可以再從 directorZone 中下載或者自行製作新的風格檔。

▶ 套用內建的風格檔

STEP 01 點選視訊後按下〔修補 / 加強〕中的〔ColorDirector〕按鈕。

STEP 02 切換至〔風格檔〕標籤頁。

STEP 03 點擊〔70 年代懷舊〕風格檔。

補充說明

游標放在要套用的風格檔上後，上方預覽視窗即會顯示套用後的色彩效果，若真的需要套用，再按一下此風格檔即可快速套用。

STEP 04 該風格檔即套用至視訊中。

⚠️ **注意事項**

視訊中套用風格檔代表著整段視訊內容都會被套用，所以若只有部分片段要套用，記得要先分割視訊後再套用風格檔。

▶ **匯入風格檔**

STEP 01 點擊〔下載的風格檔〕右側 ▦ 按鈕。

STEP 02 選擇〔匯入〕。

STEP 03 選擇書附光碟中所附之色彩風格檔〔COLOR_文青藍 .cdadj〕再按下〔開啟〕。

STEP 04 即可在下方看見匯入之風格檔與名稱，點選〔文青藍〕即可套用至畫面上。

STEP 05 再依照相同的步驟匯入其他風格檔。

知識庫

風格檔除了可以匯入之外，也可以匯出，而且只要匯出一次即可將〔我建立的風格檔〕中所有的風格檔一次匯出成檔案。

> ⚠ **注意事項**
>
> 若要取消已套用之風格檔，只要按下〔重設套用的風格檔〕即可回復到原本的視訊內容。

7-3-2　威力導演色彩風格檔

　　除了 ColorDirector 有內建風格檔之外，在威力導演中也有內建數十個風格檔可以套用，也可以匯入 ColorDirector 風格檔至威力導演中。

▶ 匯入風格檔至威力導演中

 選取視訊後點選〔修補／加強〕，勾選〔色彩風格檔和色彩查找表〕，按下 ⬆ 。

STEP 02 選取風格檔檔案後按
下〔開啟〕。

STEP 03 切換到〔已下載的風格檔〕即可看到匯入的風格檔。

STEP 04 點選風格檔後即可在右方預覽視窗中看到套用的結果。

7-3-3　LUT

　　如同前面所說到，想改變拍照或錄影時的風格，打開調整面板看著參數、色環和顏色曲線都無從下手。這時除了前面提到的 ColorDirector 或是威力導演的風格檔之外，也可以使用 LUT（Look up table）。LUT 是含編碼的數學方程式，可以插入非線性剪輯程式（威力導演、Premiere Pro、Final cut pro...）來改變影片的色調。

▶ 1. 搜尋資源

STEP 01 打開瀏覽器，於搜尋欄搜尋 LUT，結果會出現許多免費或是付費的資源供下載。

STEP 02 下載後解壓縮。

▶ 2. 於 ColorDirector 中套用 LUT

STEP 01 點選視訊後按下〔修補 / 加強〕中的〔ColorDirector〕按鈕。

STEP 02 點選 套用〔色彩查找表〕。

STEP 03 點擊〔套用色彩查找表〕選項後,自動打開檔案總管選擇 LUT 檔案。

STEP 04 在預覽區域下方可以檢閱其他時間點的效果,滿意後點選〔套用〕即完成修改。

> ⚠ **注意事項**
>
> 雖然底下選項還有〔全部套用〕,但因為此段影片是從威力導演連接至 ColorDirector,所以只有影片本身,其餘剪輯軌影片不會過來。

▶ 3. 於威力導演中套用 LUT

STEP 01 選取視訊後點選〔修補 / 加強〕,勾選〔色彩風格檔和色彩查找表〕,按下 ▣。

STEP 02 選取色彩查找表
檔案後按下〔開
啟〕。

STEP 03 切換到〔色彩查
找表〕即可看到
匯入的風格檔。

STEP 04 點選〔色彩查找表〕後即可在右方預覽視窗中看到套用的結果。

7-4 │ 混合模式

自從威力導演 15 開始新增了混合模式的功能後，可以將二個視訊片段（或圖片）重疊後，在上方的視訊（或圖片）套用混合模式後，可以讓視訊有部分透明的堆疊效果，所製作出的效果很有特色，常看到在韓劇中的光影變化或紀錄片中二個視訊重疊顯示的技巧，都是使用混合模式製作的。

7-4-1 下載視訊片段

首先下載適合作為光影變化合成的視訊片段，在此介紹 Pexels Videos 網站，可以下載免費的視訊素材。

STEP 01 開啟瀏覽器後連至 https://videos.pexels.com/tags/blur

STEP 02 輸入關鍵字。

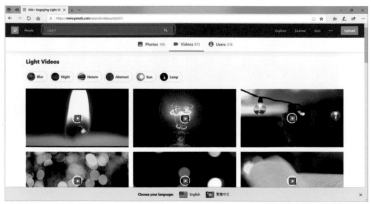

STEP 03 選擇喜歡的視訊片段。

STEP 04 點選 Free Download ▼ 即可下載。

⚠️ **注意事項**

此視訊是符合 CC0 的授權條款，可以免費下載使用。

STEP 05 選擇存檔位置後按下〔存檔〕。

7-4-2 設定混合模式

所謂的混合模式就是二段視訊重疊後所產生的部分透明度效果。

MVI_6776.wmv

STEP 01 將光影視訊拖曳至原視訊剪輯軌的下方。

STEP 02 調整要混合視訊之長度。

 知識庫

混合模式支援了 8 種混合的
效果。

混合模式：〔變暗〕

混合模式：〔色彩增值〕

混合模式：〔變亮〕

混合模式：〔濾色〕

混合模式：〔覆疊〕

混合模式：〔差異化〕

混合模式：〔色相〕

STEP 03 在光影視訊上按右鍵點選〔設定片段屬性 > 設定混合模式 > 濾色〕。

STEP 04 在光影視訊上快按左鍵二下。

補充說明

因為光影視訊的尺寸比例與
要混合的視訊尺寸有可能不
同，所以把光影視訊的尺寸
調整至與視訊的尺寸相同，
才可以完全的覆疊。

STEP 05 拖拉角落四個錨
點，將視訊放大
涵蓋整個視訊。

STEP 06 調 整 不 透 明 度
〔30%〕。

STEP 07 按下〔確定〕。

補充說明

光影視訊所超出的
範圍按下〔確定〕
後會自動裁剪。

STEP 08 調整光影視訊長
度。

補充說明

點選若無法
自動下載，
則可以在按
鈕上按右鍵
點選〔另存
目標〕。

7-4-3 現有視訊套用混合模式

最後一幕為結尾，要製作女主角轉頭畫面與男女主角最後相視的畫面重疊顯示，所以將二個視訊套用混合模式重疊顯示，所以混合模式不一定要使用具有光影效果的視訊，一般所拍攝的視訊也是可以使用混合模式。

將同視訊不同片段，混合於畫面，可塑造出偶像劇開頭或結尾角色介紹的風格。

STEP 01 將女主角單獨畫面之視訊，拖曳放置於另一段下方。

STEP 02 在視訊上按右鍵點選〔設定片段屬性 > 設定混合模式 > 色彩增值〕。

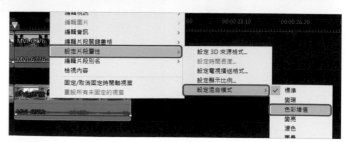

STEP 03 混合模式完成。

　　針對微電影的部分利用了二章的篇幅來說明，希望對於需要拍攝微電影的同學有些許的幫助，只要照著二章的重點及步驟進行微電影的作業，相同製作出一部優質的微電影並不是難事。

小技巧

也可以調整不透明度讓視訊淡淡的顯示。

實作練習

1. 請使用素材中任一畫面調整色溫及色調，營造出如下所需的色彩感覺，並且將所設定之色溫及色調參數值寫在下方。

   A. 清晨時

   　色溫值：

   　色調值：

   B. 陽光普照時

   　色溫值：

   　色調值：

   C. 夕陽西下時

   　色溫值：

   　色調值：

   D. 具有科技感效果的顏色

   　色溫值：

   　色調值：

   E. 具有唯美效果的顏色

   　色溫值：

   　色調值：

主題式範例應用

8-1　Instagram(IG) 影片 - 1:1 尺寸

8-2　MotionGraphics 動畫

課後練習

8-1 | Instagram(IG) 影片 - 1:1 尺寸

威力導演支援 1:1 尺寸的影片，適合發佈在 Instagram(IG) 平台，進行微行銷或是製作成動態賀卡贈送給朋友們。

8-1-1 利用 Canva 製作卡片

先利用 Canva 平台製作動態卡片，再後製影片再合成使用。

STEP 01 開啟瀏覽器，輸入「Canva.com」再註冊登入。

 補充說明

也可以使用 Google 或 FB 帳號直接登入，無須註冊。

STEP 02 範本選擇〔動畫社交媒體〕。

STEP 03 選擇喜歡的範本（選擇後會跑到右方編輯區中）。

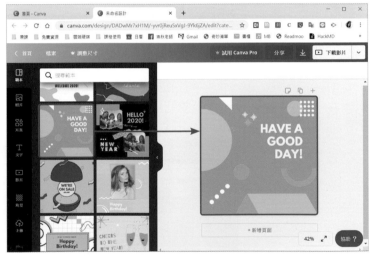

 補充說明

若要更換範本，只要在其他範本上點選即可替換。

STEP 04 將範本中的文字框刪除（只要保留卡片部分，文字都不用）。

🎞 **補充說明**

在此文字的樣式較少，回到威力導演中製作尤佳。

STEP 05 按下 ⬇ 中的影片，再按下〔下載〕。

🎞 **補充說明**

若無法下載，則表示範本中使用到需付費素材，將此素材刪除重新下載即可。

STEP 06 選擇〔桌面〕，再按下〔存檔〕。

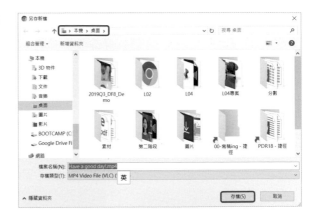

⚠️ **注意事項**

Canva 平台為部分免費使用，若要使用進階功能需付費，然而若只要使用上面教學中提到的功能，則都是免費的，所以不需要註冊 Canva Pro 仍然可以繼續使用，所以此訊息可不理會。

8-1-2 動態圖像文字

〔動態圖像文字〕如同 MotionGraphics 動畫，必須要使用多個形狀加上關鍵畫格（KeyFrame）才能完成，然而在後製影片時，製作一個 MG 動畫就要花

費許多時間，所以在威力導演中增加了〔動態圖像文字〕樣式，可以透過直接
修改文字內容就可以達到文字有各種不同的動態效果。

STEP 01 開啟威力導演，畫面顯示比例為〔1:1〕，再按下〔完整模式〕。

STEP 02 匯入 Canva 製作的卡片及去背素材。

STEP 03 將卡片重複拖曳至剪輯軌 1 中。

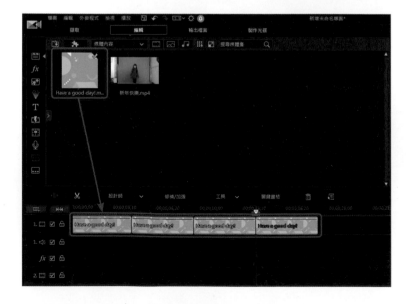

 **補充說明**

卡片要為整個影片的背景,但是因秒數較短,所以才要重複擺放,千萬不要利用速度的方式調整,會導致卡片中本來的動畫變慢。

STEP 04 切換到文字工坊,將〔動態圖形〕樣式拖曳到剪輯軌 2 中。

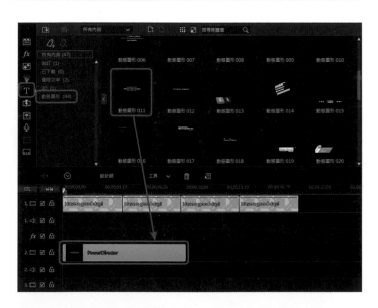

 **補充說明**

在文字工坊中的〔動態圖形〕類別都是屬於動態圖形文字。

STEP 05 修改文字內容,設定字型及文字色彩,再調整文字物件的尺寸。

 補充說明

動態圖形文字大多是綁死的設定，只能變更文字內容、字型及色彩。若同一行文字中有中英文參雜，則必須更改預設字型才不會讓文字重疊。

STEP 06 修改其他行文字內容。

STEP 07 完成後按下〔確定〕關閉文字設計師。

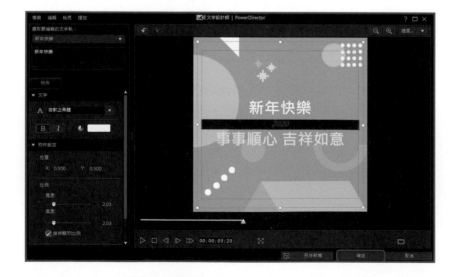

8-1-3 多重色度去背

　　製作動態賀卡時，人物部分若能在綠幕中拍攝，後製時再去背成透明背景的影片，可以與背景重疊，製作出更不同的視覺效果。

STEP 01 將綠幕影片拖曳到剪輯軌 2 中。

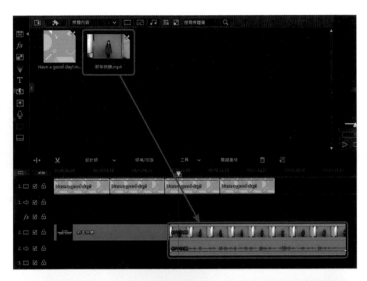

STEP 02 點選影片後按下〔設計師 > 遮罩設計師〕。

STEP 03 展開〔遮罩屬性〕，點選矩形遮罩。

STEP 04 展開〔物件設定〕，取消勾選〔維持遮罩顯示比例〕，任意調整遮罩顯示部分。

STEP 05 將外圍的其他物件裁切，剩下綠幕部分。

補充說明

因為色度去背功能只能去除單色部分。

STEP 06 點選影片後按下〔設計師 > 子母畫面設計師〕。

STEP 07 勾選〔色度去背〕，按下〔滴管〕至影片中的綠色處點一下。

STEP 08 調整〔色彩範圍〕及〔降躁〕，再按下〔確定〕。

補充說明

如果沒有辦法將背景色完整去除，可以再按下，增加一個去背色，目前威力導演共支援三個去背色。

STEP 09 調整人物的位置。

⚠️ **注意事項**

去背影片在拍攝時，光線很重要，必須讓綠幕處無陰影，後製時才會清除的較乾淨。

8-1-4 轉場特效及音訊調整

為影片加上轉場特效及背景音樂，背景音樂部分建議使用〔音訊閃避〕，可以增加效率。

STEP 01 切換到轉場特效，將喜歡的轉場拖曳到文字與影片中間。

STEP 02 最後也加上結尾文字及轉場特效。

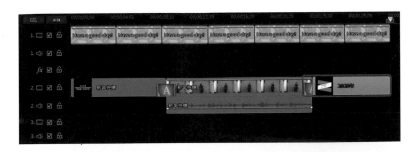

STEP 03 切換至〔媒體工坊〕，選擇〔背景音樂〕，試聽後若要使用則按下 下載音訊。

STEP 04 音訊下載中。

⚠️ **注意事項**

威力導演中提供的音樂並不是全都可以用於上傳至 YouTube 中，還是要注意版權。

STEP 05 將背景音樂拖曳至音訊軌。

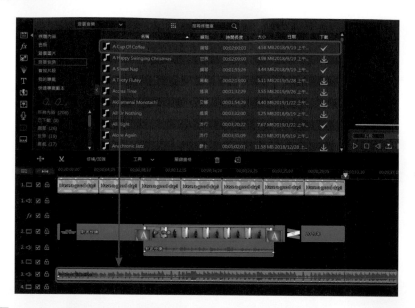

STEP 06 在背景音樂上按右鍵點選〔編輯音訊 > 音訊閃避〕。

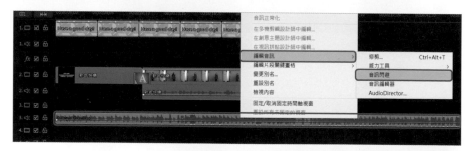

STEP 07 調整靈敏度及閃避程度，再按下〔確定〕。

 補充說明

靈敏度及閃避程度較高，則一點音訊就會執行閃避。

STEP 08 後面多餘的音訊記得剪掉及刪除。

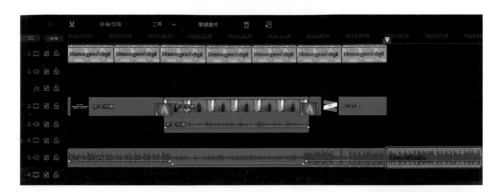

STEP 09 在音訊後方線段上按住 Ctrl 鍵及點按左鍵，增加音量節點。

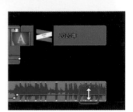

STEP 10 將音量節點向下拖曳。

STEP 11 當音量線段向下時，表示音量為淡出。

8-1-5 文字底圖

最後加上影片中的文字說明，利用文字加上底圖的方式來呈現文字，主要可以加強及突顯文字。

STEP 01 新增文字至剪輯軌中。

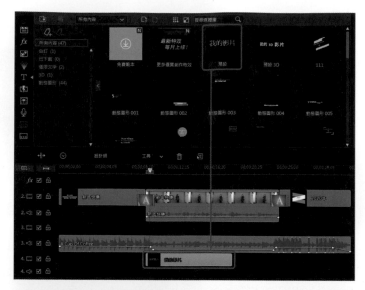

STEP 02 輸入文字內容。

STEP 03 勾選〔底圖〕，設定文字底圖相關參數。

STEP 04 按下  ＜對齊方式＞，選擇〔水平置中〕及〔靠下對齊〕，讓文字在中下方。

STEP 05 完成後按下〔確定〕。

STEP 06 將文字拉長至影片結尾處，再依照影片的口白，找到下一句的位置，按下〔分割〕功能將文字切斷，並於右上角的預覽視窗中變更文字內容。

STEP 07 其餘後面口白依此類推。

STEP 08 影片完成。即可利用手機上傳到 IG。

8-2 │ MotionGraphics 動畫

威力導演新增了〔形狀設計師〕可以新增各種幾何圖形，並且可以向量方式製作動畫，亦可加上文字成為一般按鈕圖示。本節利用形狀設計師的功能製作 MG 開場動畫。

8-2-1 形狀設計師

形狀設計師功能位於子母畫面（覆疊）工坊中，建議先行新增後，再放入剪輯軌中修改參數，好處是才能看到與其他軌道重疊時的效果，而不是只有空白的背景。

STEP 01 切換至〔子母畫面工坊〕，按下 <建立新形狀>。

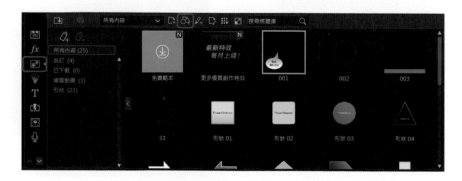

STEP 02 選擇矩形圖形。

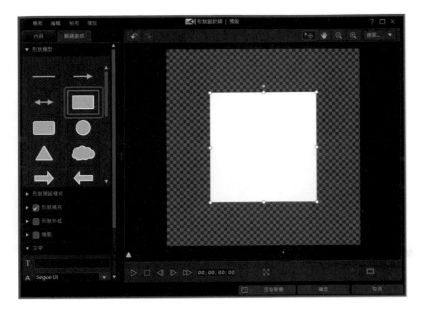

STEP 03 取消勾選〔形狀填充〕，變更填充色彩，改變形狀尺寸如圖所示，再按下〔確定〕。

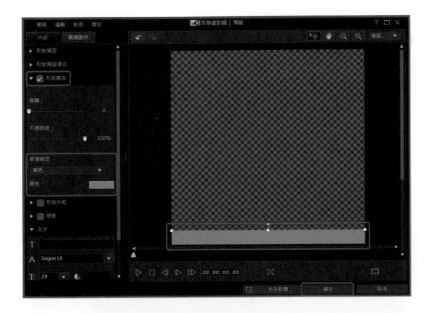

STEP 04 輸入自訂範本的名稱,再按下〔確定〕。

STEP 05 將形狀拖曳到剪輯軌中。

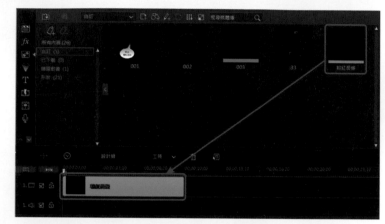

8-2-2 設定形狀移動路徑

上一節所製作完成的形狀為靜態圖案,本節則是要讓形狀有移動路徑。

STEP 01 在形狀上快按二下,進入形狀設計師,再切換到〔關鍵畫格〕標籤頁。

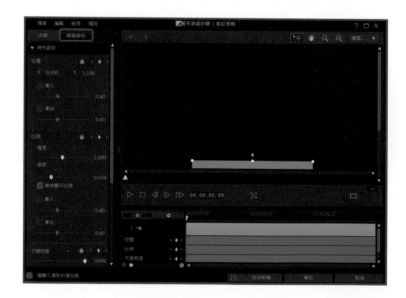

在一開始的位
置，按下 ⬛ 新
增關鍵畫格，
粉紅長條放在
畫面的最下方。

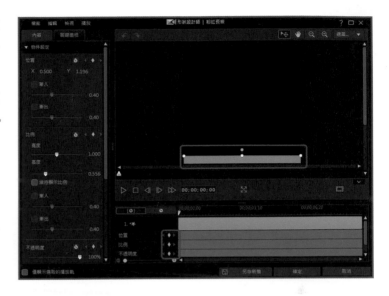

補充說明

在此要製作由下向上展開的圖形動畫。

 在下一個時間
點（不要太
長，動畫要有
節奏感），將
長條拉長佈滿
畫面。

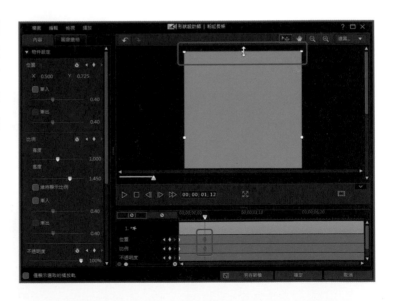

補充說明

第一個關鍵畫格要自行增加，再來的關鍵畫格只要調整物件就會自動增加。

STEP 04 增加的關鍵畫格還可以再調整位置（二點越近則速度越快）。完成後按下〔確定〕。

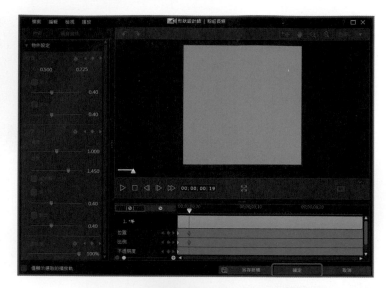

STEP 05 回到時間軸中在形狀上按右鍵點選〔複製〕。

STEP 06 在其他剪輯軌上貼上形狀。

STEP 07 在貼上的形狀上快按二下，改變形狀顏色為黃色。

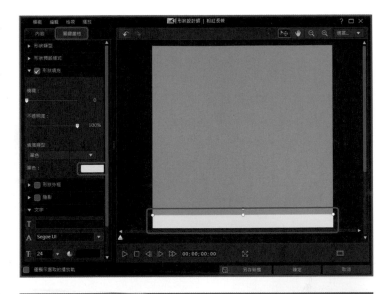

STEP 08 修正第二點關鍵畫格的物件最後位置，不要與原本的色塊重疊。

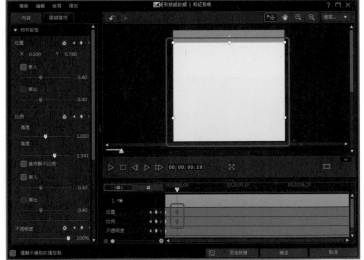

STEP 09 重複上述的方式共製作四個長條圖動畫。

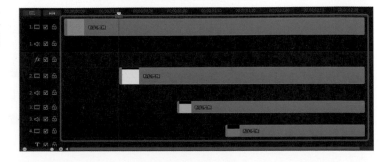

每一長條都由下向上展開的最後
停留畫面。

8-2-3　動態模糊技巧

MG 動畫除了利用形狀移動或縮放尺寸來製作動畫,也可以利用圖片加上
動態模糊效果,製作物件移動的速度感,以下示範圓形轉圈圈的速度感。

STEP 01 匯入〔圖形 .png〕圖片。

STEP 02 把圖片放在剪輯軌中。並在圖形上快按左鍵二下,開啟子母畫面設計師。

STEP
03 將圖片縮小並置於正中央,再切換到〔動作〕標籤頁中。

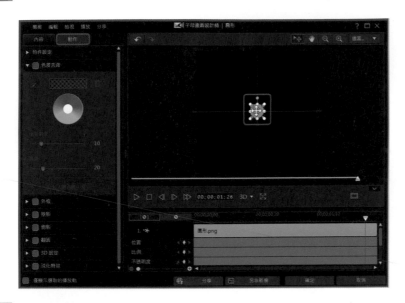

STEP
04 選擇螺旋狀的路徑。

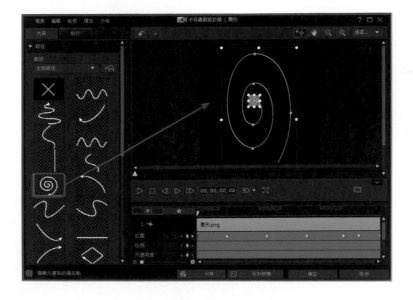

STEP 05 勾選〔動態模糊〕。

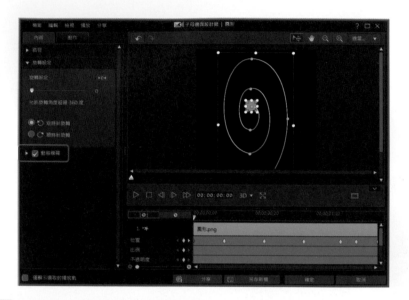

STEP 06 調整動作路徑的形狀,盡量在畫面中滿版,再按下〔確定〕。

小技巧

如果覺得播放的速度太慢，可
以拖曳右方的邊界向左縮短，
用來加速形狀路徑，不過很重
要的是在調整時要按住＜Ctrl
鍵＞出現半圓的碼表圖示，才
是加減速的功能。

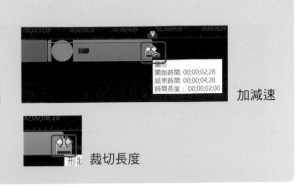

加減速

裁切長度

8-2-4 形狀尺寸變化動畫

除了形狀填充之外，也可利用外框製作動畫。

STEP 01 切換到子母
畫面工坊（覆
疊工坊）中，
按下圖示。

STEP 02 取消填充色，
留下外框色，
變更形狀外
框的設定值。

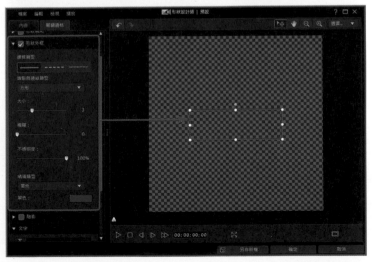

STEP 03 輸入文字內容,並且改變字型及顏色。完成後按下〔確定〕。

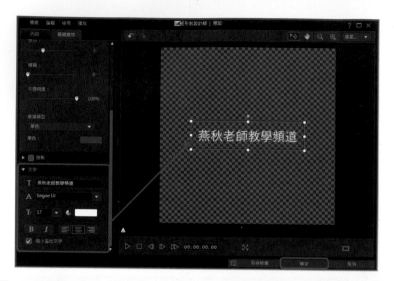

STEP 04 輸入範本名稱後再按下〔確定〕。

STEP 05 將製作好的文字拖曳至剪輯軌中,並且快按二下進入形狀設計師。

STEP 06 在一開始的時間中，調整好形狀位置，再按下 ◙ 新增關鍵畫格。

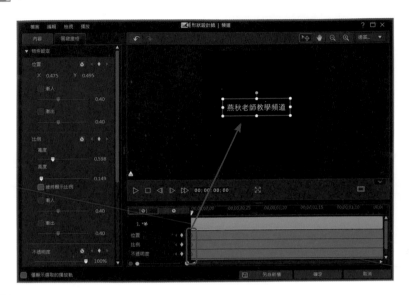

STEP 07 將時間線移至後方位置，再按下 ◙ 新增關鍵畫格。

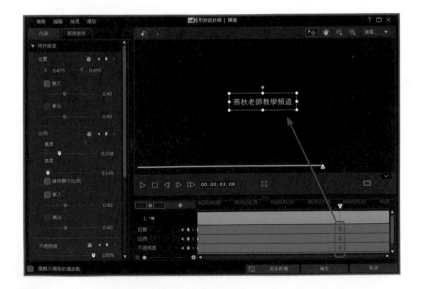

 補充說明

此時增加的關鍵畫格為複製上一個內容的關鍵畫格。

STEP 08 回到一開始的位置，縮小形狀尺寸及加上透明度後，再按下〔確定〕。

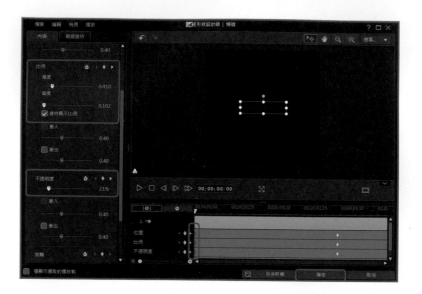

 **補充說明**

一開始的尺寸是小的且具有透明效果，所以會慢慢淡出及放大。

STEP 09 完成參考圖。

基礎練習 CCA CCP

1. 如圖所示，此畫面中使用了哪些威力導演的功能？

2. （　）擁有 Motion Graphics 動畫的文字為何種類別的文字？

   A. 3D 文字　　　　　　　　　　B. 字幕

   C. 動態圖形文字　　　　　　　　D. 文字特效

進階練習 CCP

1. （　）要將兩種不同室內環境狀況下拍攝的照片進行統一色調處理，要
   使用何種工具？

   A. 音訊閃避　　　　　　　　　　B. 色彩配對

   C. 幻燈片　　　　　　　　　　　D. 創意主題設計師

2. （　）混合模式可套用至下面何種類型？

   A. 影片　　　　　　　　　　　　B. 音樂

   C. HTML　　　　　　　　　　　　D. FLASH

3. （　）要讓文字有內建的 Motion 動畫，要使用哪種物件？

   A. 動態圖形文字　　　　　　　　B. 字幕

   C. 文字色彩　　　　　　　　　　D. 方塊樣式

4. (　　) 要將影片特定顏色去除要用到以下何種功能？
　　　　A. 色彩設計師　　　　　　　B. 色度去背
　　　　C. 文字底色　　　　　　　　D. 色彩配對

5. (　　) 威力導演 18 的色度去背可支援到幾種顏色？
　　　　A. 6　　　　　　　　　　　　B. 5
　　　　C. 4　　　　　　　　　　　　D. 3

6. (　　) 形狀設計師中要設計移動動畫要使用何種功能？
　　　　A. 關鍵畫格　　　　　　　　B. 移動特效
　　　　C. 剪裁　　　　　　　　　　D. 文字特效

7. 要襯托文字不被影片或照片的色彩干擾，可以使用哪個功能為文字底圖？

9

活動集錦開場動畫

本章節要介紹照片拼貼效果的開場動畫，為威力導演功能的綜合應用範例，很適合作為視訊開場的效果（活動或是旅遊類的）。

視訊內容是為照片由大到小的拼貼效果，無法使用套件，必須要自行製作。最後以照片為背景的文字遮罩。

範例網址：https://youtu.be/_xUn-ll8ui0

首先請先準備數張照片，條件是照片的尺寸必須相同，也必須橫或直式相同，不要混搭，拼貼出的效果才不會忽大忽小。

此範例是先製作小的再放大，最後輸出成影片後再倒播而成作品，所以先從小開始製作。

9-1 | 將照片拼貼成一列

首先製作第一排的拼貼效果，建議開啟格線，在調整尺寸及對齊時會較好移動及有基準點可以對齊。

STEP 01 開啟威力導演後，畫面顯示比例為 16:9，選擇〔完整模式〕。

STEP 02 將照片匯入至媒體素材區。

STEP 03 將照片拖曳到剪輯軌中。

建議按下 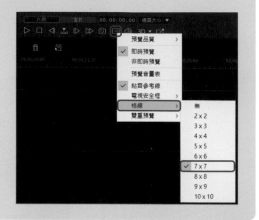 開啟格線功能，可幫助
調整尺寸及對齊。

 調整照片尺寸。

補充說明

在此格線設為 7X7，用來作為照片
寬度的基準線。

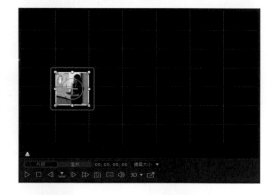

小技巧

此範例會使用到多軌，所以可將軌道高度
縮小，以便讓時間軸中的軌道可以一次看
到多軌。

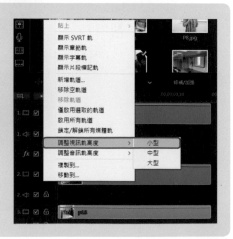

在時間軸前方處，按右鍵點選〔調整視訊軌高度 > 小型〕。

音訊軌也依相同步驟再設定一次。

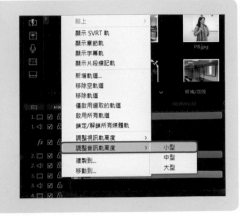

STEP 05 照片拼貼如圖所示。

 補充說明

最左及最右的照片記得要超出螢幕，放大時才不會變成空白處。

  小技巧

也可按下 🖼 放大預覽視窗，在預覽
視窗中直接調整位置。

放大預覽後，按下右上角的 🖼 即可
回復為原本的視窗。

STEP 06 將所有軌道選取，按下 ⊙ 變
更照片停留時間。

STEP 07 改成 3 秒後再按下〔確定〕。

9-2 ┃ 製作第一部分放大效果

　　接下來製作放大的效果，在上一節排列時要注意，第一排的照片中哪幾張是要放大的（間隔張數），而放大的照片必須位於時間軸中的下方軌道，顯示時才會在上方。

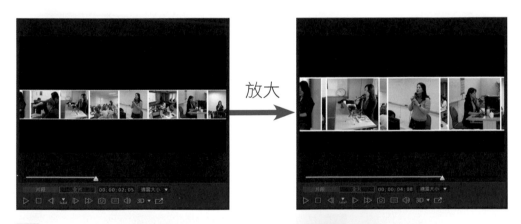

放大

STEP 01 將第一排的照片全選後按右鍵點選〔複製〕。

STEP 02 將時間線移至最後處，再右鍵點選〔貼上〕。

STEP 03 將要放大的軌道移至最下方軌道。

STEP 04 在 p23 的照片上快按二下。

STEP 05 在位置及比例的一開始時，按下 ▣ 新增關鍵畫格。

STEP 06 將時間線移至
00:00:01:20 處。

小技巧

在時間數字上可以直接輸入數字後，再按下＜ Enter ＞鍵移動時間線。

STEP 07 變更位置的
X（0.860）、
Y（0.587）值，
將寬度改成〔0.3〕，
再按下〔確定〕。

補充說明

00:00:00:00 為小格畫面，00:00:01:20則是放大畫面，中間的時間會有漸變效果。

STEP 08 快按二下 p17 照片（倒數第二張）。

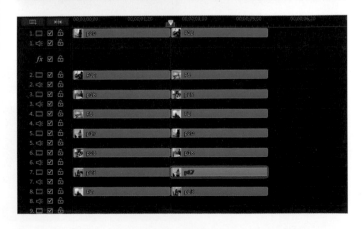

STEP 09 一開始也是設定二
個關鍵畫格，跳到
00:00:01:20，變更
位置的 X（0.560）、
Y（0.587）值，將
寬度改成〔0.3〕。

倒數第三張
X（0.260）、
Y（0.587）值，將
寬度改成〔0.3〕。

倒數第四張
X（-0.020）、
Y（0.587）值，將
寬度改成〔0.3〕。

STEP 10 其餘不放大的照片仍要調整 00:00:01:20 位置的寬度為 0.3。

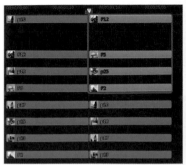

9-3 │ 製作第二部分放大效果

由放大的四張中再挑選二張（間隔），放大成螢幕的一半，所以只要複製放大的四張再後製即可。

STEP 01 選取最後的四張照片後，按右鍵點選〔複製〕。

STEP 02 時間線放到最後，按右鍵點選〔貼上〕。

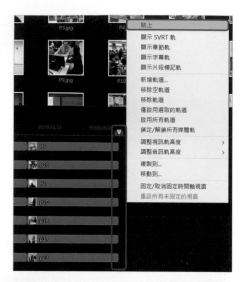

STEP 03 快按二下最後一張照片。

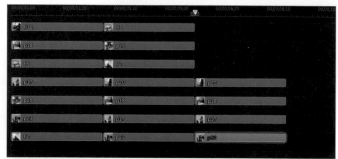

STEP 04 按下  把一開始的二個節點（位置及比例）清除。

補充說明

為什麼要清除原本二點呢？因為這二個節點（位置及比例）是小格的畫面，而這張圖已是放大的，所以要設定成已放大的。

STEP 05 再重新按下位置及比例的 ⬚，所設定的關鍵畫格就會是放大後的尺寸（因為會複製右方節點的參數值）。

⚠️ **注意事項**

建議把格線改成 2X2，因最後放大的為螢幕的一半。

STEP
06
跳到 00:00:01:20，
設定 X（0.860）、
Y（0.587），寬度
設為 0.6。

STEP
07
再按下〔確定〕。

STEP
08
在倒數第三張上快
按二下。

STEP
09
跳到 00:00:01:20，
設定 X（0.260）、
Y（0.587），寬度
設為 0.6。

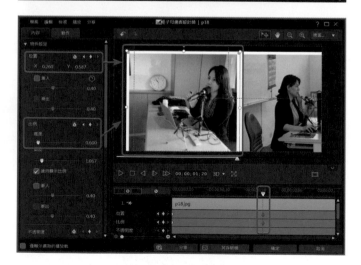

STEP 10 將第二及三張交換順序。

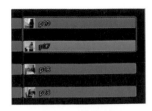

STEP 11 剩下二張只要設定 00:00:01:20 處，寬度設為 0.6。

STEP 12 將製作完成的部分輸出成影片，按下 ▊ 輸出檔案 ▊ 。

STEP 13 檔案格式選擇〔H.264 AVC〕、品質為〔MPEG-4 1920X1080/30p〕，再按下 ▊▊ 變更儲存路徑。

STEP 14 選擇路徑後，
輸入檔案名稱，
再按下〔存檔〕。

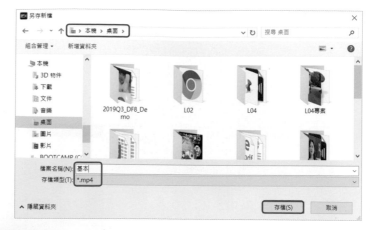

STEP 15 按下 開始，開始輸出檔案。

9-4 取代照片素材

製作好第一段後，將專案另存新檔後，再將其他照片取代換掉照片，重製成第二及三段後輸出成影片，就可不需要再重做，取代照片時所設定的關鍵畫格會全數保留。

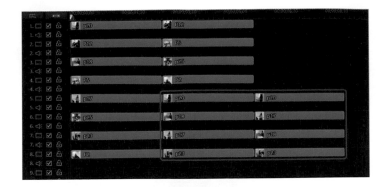

要注意取代照片時，框選中的四張照片是最後放大的照片，所以要挑最喜歡的四張來取代。

STEP 01 將專案另存成新專案。

STEP 02 拖曳要替換的照片至時間軸的素材中。

STEP 03 放開左鍵後點選〔取代〕。

 補充說明

〔取代〕才能保留軌道中原本的素材長度，若使用〔覆蓋〕則會讓專案整個大亂。

STEP 04 取代完成。

STEP 05 其餘的照片也使用相同的方式取代。

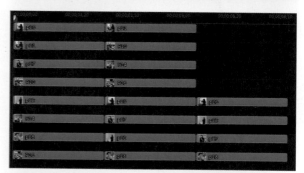

STEP 06 再將此專案輸出成視訊。

9-5 │ 設定二段視訊移動路徑

開啟新專案後，匯入二段完成的視訊檔案，要拼貼成三段視訊同時顯示的效果。

STEP 01 開新專案後將二段視訊匯入，將二段拖曳至時間軸中，分別放在軌道 1 及 2 處。

STEP 02 快按二下視訊，勾選〔色度去背〕，點選滴管後，在右方黑色處點一下。所匯入的二段視訊都要去背。

 補充說明

因為匯入的視訊黑色部分並不是透明的,所以要去背成透明後,三段視訊重疊才會看的到其他段。

STEP 03 下面的段落可以水平翻轉,視覺效果就不會是上下都是相同的片段。

STEP 04 把第二段再次拖曳到軌道中。

 補充說明

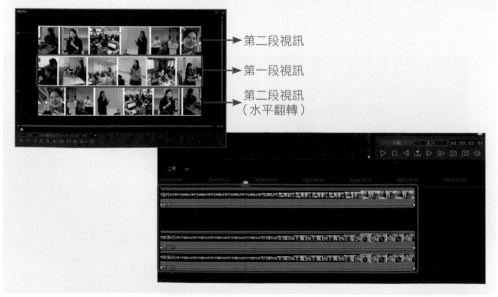

第二段視訊

第一段視訊

第二段視訊
(水平翻轉)

STEP 05 時間線移至 00:00:03:00 處,在時間線處的尺規上按右鍵點選〔加入時間軸標記〕。

STEP 06 再加上如下的三點標記

00:00:04:20

00:00:06:00

00:00:07:20

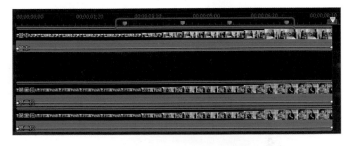

STEP 07 開啟下方視訊的子母畫面設計師(在視訊上快按二下),設定 00:00:03:00 處,加上關鍵畫格。要注意與中間視訊的邊界要接好。

小技巧

可以將顯示比例設小一點，才能看到全部的畫面。

STEP 08 在 00:00:04:20 處，調整與中間視訊的邊界相連即可。

補充說明

因為中間視訊會在 00:00:03:00-00:00:04:20 間放大,所以要注意下方片段有沒有遮到。

STEP 09 在 00:00:06:00 與 00:00:07:20 處,調整與中間視訊的邊界相連即可。完成後按下〔確定〕。

STEP 10 上方視訊也要
調整
00:00:03:00
00:00:04:20
00:00:06:00
00:00:07:20
四處的視訊邊
界有無重疊。

STEP 11 製作完成後將此專案輸出成影片。

![補充說明]

為什麼是這四個位置呢？

記得在 9-1 節及 9-2 節時有提到三區段的動畫，第一區段停留 3 秒，第二
區段的放大時間是 00:00:03:00 到 00:00:04:20，而第三區域的放大時間為
00:00:06:00 到 00:00:07:20，所以才要以這二段的時間來調整三段視訊的連
接位置。

9-6 遮罩文字

最後加上白色色板以及製作遮罩文字，來宣告這段影片的主題為何。

STEP 01 開新專案後把最後完成的影片匯入，再拖曳至時間軸中。

補充說明

這個例子中都會將中間過程的專案輸出為影片的原因是，輸出成視訊後，輸出解析度若選擇正確，不僅畫質不會變差，還不受原專案設定的限制，在後續製作上更加富有彈性及變化。

STEP 02 點選視訊後，按下〔工具 > 威力工具 > 視訊倒播〕。

STEP 03 勾選〔視訊倒播〕。

補充說明

因為由小到大來製作，但最後是要由大到小拼貼，所以才需要倒播。

STEP 04 為開頭處加上轉場特效。

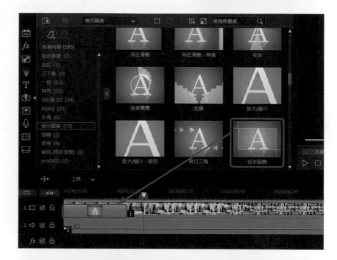

STEP 05 為了延長最後的畫面時間，將時間線移至最後處，再按下 ◎ 將視訊擷圖。

STEP 06 選擇儲存路徑及按下〔存檔〕。

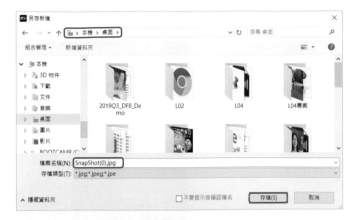

STEP 07 將擷圖拖曳到時間軸的最後處。

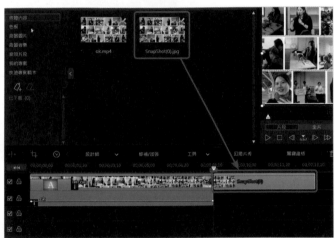

STEP 08 切換到〔色板〕中,將白色色板放在照片軌的下方軌。

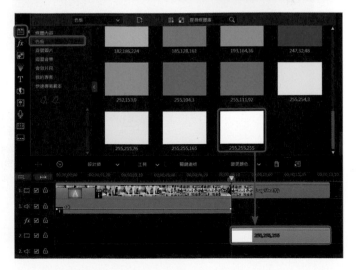

STEP 09 點選白色色板，
按下〔設計師 >
遮罩設計師〕。

STEP 10 按下〔建立文字
遮罩〕。

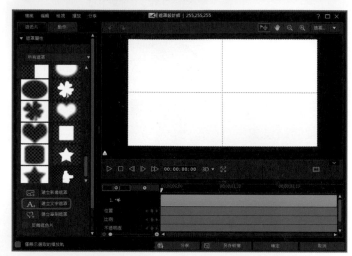

STEP 11 輸入文字以及字型設定後，再按下〔確定〕。

STEP 12 勾選〔反轉遮色片〕，讓文字內容為上方軌道的照片。

📽 **補充說明**

原本遮色片是讓文字區域保留，而反轉後則是文字以外的保留。

STEP 13 在位置及比例一開始的軌道中新增關鍵畫格，再讓文字變大。

STEP 14 在 00:00:00:20 處,讓文字縮小,完成後按下〔確定〕。

STEP 15 作品完成即可輸出。

基礎練習 CCA CCP

1. ( ) 影片去除背景的功能為？

    A. 遮罩　B. 色度去背　C. 動作　D. 子母畫面

進階練習 CCP

1. ( ) 要使得水平與垂直方向出現對齊基準線，要開啟何種功能？

    A. 格線　B. 水平線　C. 電纜線　D. 新幹線

2. ( ) 更改圖片的透明度，要到哪個設計師修改？

    A. 文字設計師　　　　　　　　B. 子母畫面（覆疊）設計師

    C. 遮罩設計師　　　　　　　　D. 威力工具

3. ( ) 要更改素材又不變動其大小、不透明度等等設定值，在替換時要選擇下列何種選項？

    A. 複寫　　　　　　　　　　　B. 插入

    C. 插入並移動所有片段　　　　D. 取代

4. ( ) 要單獨更改物件的長度或是寬度，需要把下列何種功能取消，才能讓物件可任意調整寬度或高度？

    A. 維持顯示比例　　　　　　　B. 維持螢幕比例

    C. 維持內容比例　　　　　　　D. 維持色彩比例

5. ( ) 以下關於關鍵畫格敘述何者為非，以子母畫面（覆疊）設計師為例？

    A. 需要使用關鍵畫格來呈現動態移動或是縮放的效果

    B. 關鍵畫格只要加上第一格之後，後續調整物件後都會自動新增一格關鍵畫格

    C. 要修改屬性除了可以在預覽區拖曳控制點，也可於物件設定中輸入屬性值

    D. 修改文字不透明度可以產生色彩漸變的效果

威力導演數位影音創作超人氣(適用 15~18 版，含 CCA&CCP 國際認證模擬試題)

作　　者：威力導演首席講師 李燕秋
企劃編輯：王建賀
文字編輯：江雅鈴
設計裝幀：張寶莉
發 行 人：廖文良

發 行 所：碁峰資訊股份有限公司
地　　址：台北市南港區三重路 66 號 7 樓之 6
電　　話：(02)2788-2408
傳　　真：(02)8192-4433
網　　站：www.gotop.com.tw
書　　號：AEU016700
版　　次：2020 年 02 月初版
　　　　　2024 年 02 月初版九刷
建議售價：NT$390

國家圖書館出版品預行編目資料

威力導演數位影音創作超人氣 / 李燕秋著. -- 初版. -- 臺北市：
　碁峰資訊, 2020.02
　　面；　　公分
　　ISBN 978-986-502-415-4(平裝)
　　1.多媒體　2.數位影像處理　3.影音光碟
312.8　　　　　　　　　　　　　　　　　109000987